HISTORIAS ACUÍCOLAS

Cristóbal Aguilera
&
Jesús Aguilera (Ilustraciones)

En memoria de Toño.

Índice

Un minuto 8

La dorada y el sexo 11

La dificultad aérea del rodaballo 18

El síndrome del puto calamar 33

Buenas vibraciones 44

Las cosas de internet 53

Stars soup 67

Los peces no se tiran pedos 77

La confortable vida del lenguado senegalés 86

El mejor amigo de Serafín 96

El primero de la clase 106

Pero mira como beben los peces en el rio 113

Una cuestión de pelotas 121

Mi primera vez 128

.... 142

Higia populi, salus pecoris 142

El viaje a ninguna parte 148

Viajes milagrosos 159

Conjunción astral 169

Vacúnemelas de lo que sea 177

Ciencia por aproximación 187

La tortura del fin de semana 193

Vera virtus reditu studiorum causa fruentis 207

El mamporrero..217

A contar "rotíceros" (The father's version)...........................222

A contar "rotíceros" (The son's version)................................229

Nada como una madre 235

Agradecimientos 244

Ante la parada del pescadero
producto de nuestros mares salados
zonas puras de ríos indicados
apenas un distingo marinero.

La franca inmensidad del cultivo
que rememora crianzas añejas
de chinos, romanos prácticas viejas
emula a la vid y el olivo.

Cofrades y cocineros reputados
andan descubriendo la esencia
del sabor y gustos recuperados.

Así, sin atisbo de impostura
fundamentada en la vera ciencia
os presentamos la acuicultura.

Empiezo a olvidar aquellas cosas que en un momento determinado constituyeron un hecho relevante en mi vida, mi memoria ya no es lo que era y no quisiera perder todo lo que se ha ido almacenando en mí en forma de recuerdos. Pero como he llegado a la conclusión de que tiene cierta importancia quiero compartirlo.

No sé cuánto de lo que recuerdo es real o es ficticio. He olvidado si es una experiencia propia o inventada. Apenas soy capaz de distinguir si me sucedió a mí o si me lo contaron. Dejo a voluntad de la persona que se enfrente a esta lectura la decisión al respecto. Sólo digo una cosa y es que la línea que determina dónde empieza la realidad y dónde acaba depende exclusivamente de cada quien.

Esta realidad ficticia es consecuencia de las personas que se cruzaron en mi camino, de los viajes y las anécdotas que se sucedieron, de la diversidad de situaciones que se generaron y de los muchos mundos vistos en los más de veinticinco años que llevo vinculado a la práctica de la acuicultura.

He hecho casi de todo. He estado en las trincheras "disparando a ciegas" y en los despachos "disparando con mira telescópica". Lo he pasado mal y lo he pasado muy bien. He de decir que me acuerdo mucho más de esto último que de lo anterior. Soy mal aprendiz de mis errores, pero soy y siempre he sido un buen alumno y me he empapado muchas veces, literal y simbólicamente, de todo el conocimiento que me ha venido a través del agua.

Me gustaría compartir recuerdos, emociones y pasiones. Una pasión acuícola que no podemos evitar y buscamos con ahínco todas las personas que nos dedicamos a esta profesión, la Acuicultura.

Me gustaría recuperar a los amigos que durante estos años se han ido esparciendo por medio mundo y espero cierta consideración de aquellos que se consideran enemigos, que hubo y que sigue habiendo, aunque tampoco pondré especial empeño en esto último.

Este viaje no lo hago solo. Me he hecho acompañar de un tipo de lujo y grandísimo dibujante, mi hermano Jesús. Un pedazo de ilustrador que ve la vida con una perspectiva diferente. Autodidacta y creativo. No tiene límites. Este libro es una aventura que celebramos de forma conjunta y en la que hemos puesto, sobre todo, mucho cariño.

Pasad, estáis en vuestra casa.

Un minuto

Suena el teléfono de empresa. Nada bueno. Es sábado por la tarde. La piel se me eriza y un escalofrío me recorre el espinazo. Las piernas me flaquean. Empiezan las sudoraciones y un temblor digital que hace que sea difícil acertar con la tecla del símbolo del teléfono verde alzado.

—¿Sí? Pregunto contestando. Suena falso y tembloroso, se nota.

—Ha sido un minuto, no ha pasado ni un minuto, no sé cómo en un minuto puede pasar todo esto, yo… acababa de ver la alarma y… un minuto, nada más que un minuto.

Al otro lado, alguien, a quien todavía no distingo, más que hablar balbuceaba. Solo me llegaba con claridad una palabra: minuto.

—Calma, calma. Vamos a ver, ¿eres Carlos verdad?

—Sí….

—Bueno. Dime ¿qué es lo que ha pasado en un minuto? Tranquilo

—Mejor vienes, pero no hace falta que corras. No hay nada que hacer. Maldito minuto.

—Joder con el minutito. Venga, ya voy. ¿Llamamos a alguien más?

—Si, al del seguro y al jefe, bueno y tal vez a un par más para que nos ayuden.

—¿Seguro? ¿Al seguro? ¿Y al jefe? ¿Y a más…?

Temblor generalizado. Convulsiones. Sábado tarde. Seguro. Jefe. Más claro agua. ¿Cuántos peces acabábamos de perder? Que no fuesen los que ya estaban preparados para el cargue del lunes a primera hora. No, esos no… Imposible. Los pequeños, sí, esos, que todavía no hemos incurrido en mucho gasto y se pueden recuperar rápido. Uf, cómo hayan sido los del mes que viene.

Voy por un tramo de carretera a 160 km/h y con las pulsaciones por encima de la barrera de mi capacidad fisiológica. Noto cierto ahogo. Noto una extraña presión y el golpetear de la sangre en las sienes.

Pensamientos profundos: Ha dicho que no hay prisa, que no hay nada que hacer ¿por qué corro tanto? Veo a mi mujer en la puerta del garaje: "Tranquilo. No corras. No te preocupes. Ya me llamarás. Solo d…" Creo que no la escucho. No estoy tranquilo. Voy corriendo. Estoy preocupado. Pienso que ya la llamaré. ¿Qué?

Llego a la planta y ya están allí dos de los compañeros que viven al lado. Apenas si han tardado un minuto en llegar. ¡Maldita sea! Yo vivo a casi 15 minutos. ¿Cómo es posible vivir tan lejos de tu puesto de trabajo? Dejo la pregunta en el aire. Ahora no es el momento de responderla. Anulo el incipiente atisbo de culpa.

Caras de preocupación. Nada bueno. Pienso: "Seguro, seguro, seguro que son los del lunes, los del transporte. O no peor, los del mes que viene. O no peor todavía, todos"

Ángel se acerca. Carlos está detrás, cabizbajo, mirando unos papeles. Parece el registro de algo. El de las alarmas. Dani aparece a mi espalda, dice: "Y todo por un minuto. Si lo pillamos antes, nada de nada. Pero…"

Desconcertado intento tomar el mando. Pregunto y me responden. Pido ver y me muestran. Gesticulo y me imitan. Ando y me siguen. Miro y nos miramos. Me desconsuelo y nos desconsolamos. Nos consolamos. Lloramos.

Sólo ha pasado un minuto.

La dorada y el sexo

Todos tenemos una identidad sexual que viene marcada desde la infancia por diversos factores (algunos dicen que, desde la concepción, véase lo de las X e Y) aunque nos sea difícil saber cuáles han sido y qué es lo que ha determinado el sexo que manifestamos y que no siempre tiene por qué ser el que por azar de la genética nos ha correspondido. La Wikipedia que es muy lista, ella sola eh, ya que muchas de las personas que hay detrás no lo son en absoluto, nos dice que el término identidad sexual está compuesto por dos conceptos bien diferenciados: la identidad y la sexualidad. Vamos, de Perogrullo.

Profundicemos. Una cosa es el autoconcepto que cada individuo tiene, es decir lo que sentimos que somos independientemente de lo que seamos y otra muy diferente la identidad, que viene a ser más o menos lo mismo pero explicado de otra manera, pero que es como ser una cosa teniendo conciencia de otra. Está claro, ¿no?

Como vemos muy fácil de aplicar respecto a la naturaleza humana, aunque se puedan generar algunos que otros conflictos con respecto a la identidad y peor aún respecto a la discriminación. Chuminadas. ¿Es que acaso no merecen vivir los psicólogos?

Está visto que nadie conoce a las doradas. Creo que no hay empresa de preservativos, por muy famosa que ésta sea y medios que tenga, que se haya atrevido con el encargo de determinar cómo es el sexo entre las doradas y es que las doradas tienen, ojo, atención, léanlo bien, ¡seis sexos!

Si, lo han leído correctamente, seis.

Absténganse los puristas de la biología de entrar en detalles, la experiencia nos lo ha demostrado y si añadimos el hecho cruento de tener que haber realizado varios cientos de biopsias a peces que por el tremendo "frenesí sexual" al que han estado sometidos han acabado sucumbiendo de puro éxtasis, lo confirmamos. Y es que no hay organismo que aguante estos vaivenes de la naturaleza. Ni siquiera místico.

Las doradas pertenecen a una familia, biológica quiero decir, que se conoce como los espáridos. Son unos peces normalitos, bastante comunes, con forma de pez, pez. Pero les ha dado por ser hermafroditas. Pero claro no son unos hermafroditas como Dios manda, (uy, tal vez me he excedido) como por ejemplo los caracoles que son los reyes del hermafroditismo verdadero. No. De eso nada.

A ver si me explico.

Han descubierto que es mucho más divertido alternar el hermafroditismo a lo largo de su vida y si es posible jugar con ello. A algunos géneros de esta familia les gusta empezar saboreando las mieles del lado femenino para posteriormente pasar al masculino (como lo del lado oscuro de Star Wars pero en sexo), sin embargo a otras les gusta hacerlo a la inversa.

La dorada es de estas últimas, pero además tiene una particularidad adicional y es que le gusta tomarse su tiempo para decidirlo. En este proceso puede llegar a la conclusión que prefiere continuar siendo lo que es para toda su vida y así se quedará sin cambios. Puede empezar a probar con el otro sexo y si no le gusta pues lo revierte. Prueba y le encuentra algo de interés, pero no lo suficiente, mantiene ambos sexos, pero siendo un poquito más de uno que de otro. Es posible que no acabe de tener nada claro si se es más de uno que de otro, pues se queda con los dos a partes iguales. Por último, tiene la facultad de decidir carecer de sexo, es decir apuesta por no tener ninguno.

¡Qué locura! ¡Qué envidia!

El conocimiento de este mecanismo intrincado y complejo de la forma en la que se entiende el sexo nos causó muchos quebraderos de cabeza. ¡A quién no! Sobre todo, si además la velocidad con la que se producen estos cambios está a su vez condicionada por las cohortes que conforman el lote de reproductores.

A ver si me explico.

Imagínense que ya han decidido lo que quieren ser y que más o menos todo está claro, pues bien, si se introduce un cambio en la población original, por ejemplo, sustituyendo individuos por cuestiones de edad, por alguna mortandad imprevista o por necesidad para generar nuevos lotes que se adecúen a las exigencias de la producción, pues es bastante probable que toda nuestra organización y previsión se desajuste.

No, no es que sea como una lotería, ni mucho menos, pero tampoco es que se tenga la certeza de que los cambios van a acabar produciendo lo que esperaríamos. Y además estos cambios serán diferentes dependiendo de la época en la que se realizan.

A ver si me explico.

Si los cambios o la introducción de nuevos miembros en la población se producen antes del inicio del periodo de puesta (vamos antes del momento del año en el que les tocaría reproducirse) es posible que aquellos que estaban indecisos pero que ya habían tomado la decisión de cambiar, decidan no hacerlo, con lo que el follón es espectacular. Y si por el contrario los cambios o la introducción de nuevos miembros se produce después del periodo de puesta, es bastante probable que se acelere y mucho, tanto que aquellos que presumíamos iban a ser una cosa acaben siendo otra.

Vamos a ver si me explico de una puñetera vez.

La dorada es un animal que se conoce como "hermafrodita secuencial proterándrico", ahí es nada. Lo de *hermafrodita* le viene por el hecho, tal y como hemos contado, de que cada individuo funciona tanto como macho y como hembra a lo largo de su vida, lo que hace que este animal sea un pelín "toca gónadas". Lo de *secuencial* porque normalmente debería ser primero de un sexo y luego del otro y no presentar ambos sexos al tiempo, ¡ja, ja y ja! Y lo *proterándrico* porque la primera maduración se dará como macho, casi, casi, casi lo único que de verdad pasa.

Tras pasar una infancia y adolescencia tranquila, viviendo en el limbo angelical de la indiferencia sexual, más o menos a los dos años de edad o cuando alcanza un peso alrededor de los 250 gramos le empiezan a salir los pelillos, ejem, quiero decir que se observa el primer esbozo de la gónada masculina, que sin embargo no produce nada. Vamos que está de adorno (que fácil viene a cuento el comentario de "pues como en muchos hombres", pero yo no voy a hacerlo).

Pasado un tiempo y con algo más de peso ya marca paquete, ejem, quiero decir que la gónada está perfectamente formada y que produce esperma abundante, que es macho, macho (me ahorro otro comentario de estilo que la cantidad y calidad no siempre van juntas). Y así le suele gustar estar un par de años hasta que decide que esto es muy aburrido y que mejor experimentar (no me puedo morder la lengua, "cosa que nos gustaría a la mayoría de los hombres").

Lo más curioso de esta etapa es que tras empezar a desarrollar la gónada femenina mantiene la funcionalidad masculina y puede llegar a tener más de un 80% de la gónada ya feminizada y continuar produciendo esperma con ese 20% residual ¡qué machote! (Hum, a veces sí que servimos para algo).

Lo que viene a continuación es la sinrazón del sexo llevada a su extremo máximo, ya que entra en ese periodo de que sí, de que no, de esto, de aquello, que si pero, que no pero también…Puede estar como macho funcional pero sin producir esperma (un inútil), como hembra funcional pero que no madura (pues lo mismo) o tomar la decisión de que como no ve muy claro el futuro se vuelve a lo que ya conoce y se queda como macho que eso ya estaba bien (cosa que con certeza haríamos la mayoría de hombres, al darnos cuenta de lo quejicas que somos…). Pues también nos jode. Es que estos machos no están a gusto con nada.

Pero siempre hay individuos, menos mal, que se dejan llevar por los designios de la naturaleza y deciden que efectivamente deben acabar siendo lo que deben ser, es decir hembras y así garantizar el futuro de la especie, menos mal. Aunque la mayoría lo consigue y acaba siendo una magnífica hembra ponedora puede darse el caso que algunas, ya hembras al ciento por ciento y sin vestigio de gónada masculina, como que no, vaya que no acaban de verlo, que hembra sí, pero que eso de estar poniendo huevos de continuo…, como que no va con ellas. Y se quedan ahí. A la espera de heredar el trono de reina consorte, que en realidad es lo que pasa, y así cuando se retiran las hembras viejas dominantes florecen con una fuerza extraordinaria… o no. ¡Ay! Porque puede que alguna jovenzuela recién estrenada se les adelante.

¿A qué me he explicado bien?

Ah, y no es de los casos más complicados. ¡No te jode!

La dificultad aérea del rodaballo

Cuando una empresa es propiedad de un banco y éste no entiende que los peces no se pueden guardar en cajas acorazadas como el dinero en efectivo, o que, aunque computen como asientos contables en un listado de activos requieren de algunos elementos esenciales para su vida, suele ser difícil hacer que ese activo llegue vivo a fin de mes.

El Banco Galego de Aforro había decidido conceder un crédito a la propuesta de negocio que apenas un año antes había presentado un grupo de accionistas de la empresa O Rodaballo Galego. El proyecto era muy atractivo y no era el primero. Varias plantas dedicadas al engorde y venta de rodaballo de crianza ya estaban funcionando con un éxito considerable. Este tipo de negocios eran los que constituían la base principal del mercado de crédito y el BGA no quería quedarse fuera del negocio. Las condiciones de entrada pactadas eran ventajosas y si las cosas iban mal, que todo podría ser, acabaría quedándose con la propiedad del activo, el verdadero valor de la inversión, el stock de rodaballos.

El modelo de negocio elegido era el arrendamiento de una planta de producción que había empezado con buenas ideas pero que se había quedado ahí, sólo en las ideas, ya que apenas si contaba con las cuatro paredes necesarias, los tanques y los desagües, un entramado de tuberías y válvulas de dudosa distribución para hacer llegar el agua a cada uno de los embalses. El principal punto débil, más que débil crítico, era la toma de agua que, junto con las tuberías de captación, el sistema de distribución general y transporte hasta su llegada a la planta de engorde dejaba mucho que desear.

La costa gallega es dura. La costa norte de la Ría de Osa es mucho más que eso, puede llegar a ser un infierno. Estamos acostumbrados a ver imágenes de temporales, vientos terribles y olas de una fuerza tremenda que son capaces de mover una piedra de varias toneladas de un sitio a otro como si de un corcho se tratase. Probablemente la persona que diseñó el sistema de captación no debía ser gallego, o más probable aún, es posible que nunca visitase la zona.

Ciento cincuenta metros de tubería semi sumergida hasta llegar a un bunker de dos por dos con "muertos" de cemento de apenas media tonelada. Un juguete, eso es lo que dijo Ramón Pombal al poco de llegar y darse cuenta que los problemas iban a ser muy pero que muy grandes. Debía añadirse el agravante de que la zona en cuestión es donde las laminarias (algas que poseen un tallo y unas hojas realmente duras) tendían a acumularse y todavía se complicaba más por el hecho que durante la bajamar la aspiración de la bomba quedaba al descubierto.

Así que zona de acumulación de algas, aspiración descubierta, inestabilidad de las tuberías..., todo un portento de ingeniería a la contra que obligaba a parar dos veces al día durante un número considerable de horas hasta que de nuevo se recuperaba la cota de aspiración, eso sí habiendo tenido antes la precaución de limpiar adecuadamente un buen trozo de tubería.

¡Qué puñetera manía tiene la marea con subir y bajar un par de veces al día!

Es bastante probable que originariamente el diseño no fuera de esta manera, pero posiblemente el presupuesto original en bombas habría superado al de la construcción de toda la planta, casi seguro que se pensó que ya estaba bien así, total sólo era un poco más o menos de agua. Habían pasado seis meses y ya se habían estropeado dos veces las bombas y una de ellas se había tenido que cambiar por inservible, por no decir destrozada del todo. Los rodetes quedaban triturados por los tallos de las algas y no al revés como más o menos alguien debió pensar que sucedería.

Aunque el equipo de producción, mantenimiento, guardia... en realidad todo era el mismo, es decir cinco personas, había aprendido a sobrellevar estos, podría decirse, inconvenientes, la situación empezaba a ser insostenible. El depósito de cabecera apenas si daba para una hora en condiciones normales y ya hacía un par de meses que estas habían dejado de serlo. Empezaban a notar que los crecimientos no eran los esperados, obvio, las raciones de alimento eran la mitad de lo previsto, de no ser así el caos habría llegado mucho antes.

Todavía no se estaban produciendo bajas, ya que compensaban la baja calidad de agua con una distribución de los lotes usando el sentido común para que las densidades siempre estuviesen por debajo de lo que se consideraba crítico, que ni mucho menos estaban cercanas a las que el programa de producción establecía para hacer rentable la inversión. Sin embargo, la situación preocupaba y mucho, sabían de casos en otras instalaciones en las que recientemente, empezaban a surgir problemas graves sanitarios y con condiciones de trabajo que ya quisieran ellos para si en estos momentos.

Más o menos este fue el resumen que se presentó en la reunión del consejo: *"no se dispone de agua suficiente, el sistema de bombeo es inadecuado y está mal construido, el stock sigue creciendo y la situación se hace cada vez más crítica, no se está alimentando como se debería, nos preocupa cada vez más las posibles consecuencias en la salud de los peces, ah, y no se está generando la biomasa que el programa establece".*

Aunque todos los presentes estaban de acuerdo en que efectivamente la situación era complicada, mucho más de lo que imaginaban, era inviable acometer la inversión de una nueva toma de agua, no se disponía de dinero, sin embargo, sí que se aprobó la inversión para la instalación de un sistema de oxigenación para emergencias. Por más que se les explicó que la urgencia era extrema y que se vivía en una continua emergencia, el consejo dijo: *"que eso era lo que había y que poco más se podía hacer, que con lo del oxígeno ya llegaba"*. Vaya, no fue de gran ayuda.

El presupuesto dio para instalar un sistema de tuberías que conectado a un regulador general y este a su vez a una parrilla de cinco botellas de oxígeno podía distribuirlo mediante un difusor, que inventaron como pudieron para adecuarlo a las características del rodaballo, a cada uno de los tanques. Se decidió colocar una línea extra al tanque de cabecera y de esta manera intentar incrementar la cantidad de oxígeno que entraba disuelto.

Todas estas mejoras ayudaron a finalizar el primer ciclo de producción, más o menos se recuperaron los crecimientos ya que se pudo alimentar con cierta normalidad y aunque los periodos de carencia de agua seguían siendo los mismos, las condiciones habían mejorado puesto que se contaba con oxígeno y los peces no estaban tan estresados. Hay que decir que apenas si se estaba al 50% de capacidad de producción de la planta.

Es evidente que el consumo de oxígeno empezó a incrementarse y mucho, pasó de ser un gasto no previsto, al tercer coste de producción y como se ha dicho, no estaba previsto. Había quien empezaba a ponerse nervioso, especialmente el responsable designado por el BGA para el seguimiento de esta inversión.

Como casi siempre sucede, los males no vienen solos. Galicia había empezado a producir rodaballo con cierto éxito y la cantidad producida empezaba a ser superior a la que el mercado estaba dispuesto a absorber. ¿Por qué nadie piensa en esto? Y por cosas de la economía, de eso que los expertos dicen la ley de la oferta y la demanda, los precios empezaron a bajar y bajaron hasta casi la mitad de lo que los planes de negocio soportaban.

Se convocó una reunión de urgencia en O Rodaballo Galego. Asistieron todos y con todos sus espadas, sonaba a aquello de "reunión de pastores..." Las explicaciones técnicas fueron correctas y bien estructuradas, con lo que había y con todas las limitaciones existentes, desde que el oxígeno estaba funcionando, se había recuperado la producción. Eso sí seguía siendo un 40% menos de lo previsto y el coste se había incrementado en casi un 30%. Trabajo sí, malabares no, más o menos es lo que dijo el equipo técnico. El hecho de que el precio se hubiese desplomado en más del 50% era algo que evidentemente ellos no podían controlar.

Ahora era el turno del *"controller"*, del financiero contratado y los asesores diversos, cinco en total. Auténticos maestros de las autopsias, habían equivocado su campo deberían haberse hecho forenses. El proyecto estaba muerto, ya no corría sangre por sus venas (dinero de caja) y el cerebro había dejado de emitir señales (mercado) y no había ninguna medicina paliativa (dinero procedente de nuevos inversionistas). Habían hecho muy bien su trabajo, el diagnóstico de la defunción era perfecto, o al menos así creían.

En la planta quedaban como unas cincuenta toneladas, de las que la mitad estaban en tamaño de mercado y que posibilitarían recuperar un porcentaje de lo invertido, los buitres acechaban. El resto estaba condenado a la venta como alevines, aunque no había ninguna otra sociedad interesada en ese momento, o al sacrificio.

El representante del banco acabó usando sus palabras mágicas para la toma de la decisión, *"ni un duro más y que renunciaba la propiedad de los rodaballos, no así al dinero que se generase con su venta"*. ¡Estos bancos!

Aquello cayó como un verdadero mazazo, después de todo lo trabajado, las noches sin dormir, los encajes para ajustar la producción, las mejoras, los primeros resultados... todo quedó en nada. Por respuesta y a modo de explicación les dijeron: *"Es evidente que la coyuntura económica actual no acompaña, las previsiones de mercado han estado condicionadas por la volatilidad de los precios, vivimos una situación compleja condicionada por la caída de los créditos impuesta por los mercados bursátiles, especialmente el Dow Jones, la empresa no puede soportar la tensión de cash y el banco no afloja más pasta, cojones"*. Tal vez esto último no lo dijeran, pero creyeron entenderlo así.

En menos de un mes se acababan los suministros esenciales, así que era necesario implementar un plan de venta para ir deshaciéndose del stock que se encontraba en el peso adecuado para ser vendido directamente al mercado y otro plan de emergencia para el sacrificio del resto de la población. Por de pronto el corte de suministro eléctrico se produciría en una semana y se tenía otra semana adicional de gasoil para el grupo electrógeno, que apenas si servía para la iluminación y, finalmente, poco más que otra con el oxígeno que quedaba en el tanque criogénico.

Cuando el precio de venta es el que el mercado, ejem, está dispuesto a pagar no hay problema, se vendió todo en una semana, les quitaban el producto de las manos, desde luego que alguien ganó un dinero considerable en esta operación de venta relámpago.

Esta era ya la tercera ocasión en la que tocaba presentarse delante de la Jueza de Villajarcía de Osa. La primera vez había sido por una acusación de uso indebido de propiedad privada, en la segunda ocasión por hurto y en esta tercera la acusación era por delito ecológico. Uf, esto sí que era grave. Pero, mejor ir por partes.

La situación estaba llegando a un punto crítico de no retorno, así que si en dos días no se tomaba una decisión todo iba a ser mucho peor. Se llamó al responsable de la Consellería para que informase de cómo proceder, no supo decir qué hacer, ¿tal vez el veterinario? Se llamó al veterinario de plaza para que dijera qué hacer, no sabía qué es lo que había que hacer y que por qué no se llamaba a la Consellería. Se llamó al alcalde para que fuese consciente del asunto y si de alguna manera podía proponer alguna actuación o al menos aconsejar, no supo que decir, aunque si alguien sabía de eso, dijo: *"debería ser el veterinario o los de la Consellería, que esos saben mucho, ¿no?"*.

Ante tal panorama se decidió que lo mejor era citarlos a todos dos días después, mediante notario y que el notario también asistiese para levantar acta, ¡ah! y al banco, verdadero propietario y al representante legal de la empresa, esto no era difícil, ya que se habían concedido, in extremis, poderes al jefe de producción para que pudiera hacer de todo, legal, claro.

Quinientos litros de lejía, dos toneladas de cal y una pala tractora estaban esperando. El notario levantó acta y firmaron el representante del banco, el representante de la administración, el alcalde, el veterinario de plaza y el jefe de producción. En el acta notarial se venía a decir que la situación era irreversible, que no era, bajo ningún modo, posible soltar los individuos al mar por el elevado riesgo biológico tanto para la fauna local como para los posibles pescadores y se añadió...

Es necesario hacer un inciso, apenas un par de semanas antes y muy cerca de dónde estaba la instalación se había hecho una campaña de repoblación a la que asistieron representantes de todo tipo de instituciones. Los rodaballos utilizados en la repoblación eran de cultivo, evidentemente, y ayudaron mucho a una planta de un señor muy importante que se encontraba con ciertos problemas de stock y de circulante, porque la repoblación fue pagada muy generosamente. Salió en la prensa y era de un gran valor para la comunidad de pescadores y se hizo especial mención al efecto positivo que tendría en la recuperación de la economía local, ciertamente maltrecha.

...que por decencia y para evitar el sufrimiento indeseable de los animales se procedería a su sacrifico y entierro en la fosa que a tal fin se había procedido a excavar en la finca en el lugar indicado e indicando el lugar.

Los peces estaban débiles, la lejía hizo bien su trabajo y en apenas una hora, junto con la dificultad que tiene el rodaballo para la vida aérea, el sacrificio se había consumado. Unas veintidós toneladas, y aunque es curioso como mermó el stock que teóricamente debía estar presente en la planta, casi tres toneladas en apenas cinco días, nadie preguntó nada.

Se acabó de acomodar a los rodaballos en la fosa, posteriormente se añadió la cal y el palista procedió a rellenar y tapar bien con la tierra y disimulando lo más posible. Fue un entierro digno y no hubo discursos.

La primera citación del juzgado llegó dos días después, se había invadido la finca de otro propietario. ¿Cómo? Pues debido al minifundio tan extensamente extendido en Galicia, a la dificultad de establecer las lindes, de hecho a veces pasan generaciones sin saberse exactamente qué propiedad es de cada quién, y a que los indicadores de propiedad no aparecían por ningún lugar, pues sí, era cierto, la fosa había invadido en algo más de dos metros la finca de otro propietario, que resultó hermano del dueño de la finca donde la planta estaba situada, además de tener posturas irreconciliables entre ambos precisamente por las lindes de la propia propiedad.

La solución fue abrir una nueva fosa totalmente dentro de la finca propiedad del primero. La verdad es que la cosa no era sencilla, por cuestiones de la orografía del terreno poco más podía hacerse, así que como se pudo se agrando por un lado y se trasladaron los rodaballos muertos de un sitio a otro. Ya no quedó tan bien como un par de semanas antes, pero poco más podía hacerse. Al acto de exhumación de los cadáveres no asistió nadie, posiblemente por que debieron pensar que el espectáculo no debía ser del todo agradable y que allí no se les había perdido nada. Se levantó acta del acto.

La segunda citación llegó a la semana siguiente, del mismo juzgado, por una causa distinta. El propietario de la instalación y arrendador, personaje de lo más curioso, basta decir que era descendiente directo de una de las familias más regias españolas, aunque por motivos diversos y complejos, no había podido ejercer como tal, o al menos como a él le hubiera gustado.

Bien, este elemento presentó una demanda por hurto y apropiación de bienes ajenos, cosas que, aunque parezcan lo mismo, no lo son y que, aunque la jueza se esforzó en explicarlo detalladamente, tal vez sea por el escaso conocimiento de leyes, tal vez sea por el exceso de verborrea que se emplea en estos procedimientos, se decidió que lo mejor era dejarlo ahí. La acusación era por haberle limpiado la planta, de arriba abajo, no en el sentido implícito de la palabra, sino en el de haberla dejado en las paredes peladas.

Desde luego era cierto que se había realizado un proceso de desmontaje, recuperación, embalaje y envío de cualquier equipo e instalación de valor y que fuera aplicable en otro sitio, es verdad. Y también era cierto que se había hecho ante notario y con un listado de bienes que con anterioridad al arrendamiento se había levantado, con bastante detalle, por cierto, de lo que contenía la instalación en el momento de la firma de arrendamiento. No es posible dar fe, al ciento por ciento, de que algún que otro componente pudiera haber estado o no en la lista original y que efectivamente fuese, involuntariamente, sustraído.

De todas formas, en uno de los muchos apartados del contrato se especificaba que, por razones operativas, de mejora, de adecuación o adaptación, era factible realizar cambios en la instalación, aunque sin llegar a quedar claro quién era el propietario en tal situación. Sin embargo, sí que quedaba constancia de las piezas, equipos e instalaciones cambiadas o modificadas y, según la jueza, *"no había lugar"*, por lo que la demanda no fue aceptada y además le tocó pagar las costas y cargas derivadas. Es más que probable que no quedara muy contento con la sentencia.

Y el hecho de que efectivamente no quedase muy contento se pudo apreciar con total claridad mes y medio después al recibir una nueva citación del mismo juzgado. En este caso la formulaban los dos hermanos propietarios de las fincas, la de la planta y el afectado con anterioridad por lo del agujero. La denuncia era por delito ecológico. Y eso que llevaban años sin hablarse, pero es posible que el olor putrefacto del rodaballo se pareciese al del dinero.

En Galicia llueve, llueve con bastante frecuencia y suele llover mucho, y es verdad que, en las semanas siguientes al entierro, al segundo, llovió y mucho. Tanto que se formaron regatos de agua, tanto que estos regatos hicieron surcos, tanto que los surcos dieron lugar a canales y dio la circunstancia que la caída natural del agua de lluvia en estos canales pasaba justo por la zona del entierro. Ahora se entendía por qué aquella zona estaba tan pelada de vegetación.

Lo cierto era que la capa superior de rodaballos ya en etapa de descomposición final, con mezcla de cal, arena y agua quedaba a la vista, y es verdad que con la lluvia se había formado un pequeño regato de efluvios que arrastraba algo más que simple agua, y es cierto que esta agua iba directamente a un cúmulo de rocas y al mar, pero también es cierto que la cantidad de cangrejos y bichos similares que por allí pululaban, indicaban que el inminente desembarco acabaría en muy poco tiempo con todos los rodaballos enterrados, si es que llegaban a ellos. Alguna gaviota también participaba.

La jueza solicitó que se hicieran algunos análisis de agua, la jueza pidió que se volvieran a desenterrar y que se acomodasen mejor en la zona, a ser posible de forma *"definitiva"*, la jueza dijo que permitía hacer un agujero considerablemente más hondo o más largo, o lo que hiciera falta, la jueza le dijo al propietario que, si lo sabía porque no había dicho nada, jueza miró con condescendencia a todos los presentes y más o menos dijo, con una cara mezcla de *"hasta el moño"* y *"a ver si se acaba esto"*, ¡hágase!

Los análisis no aportaron nada, no se consideró que hubiera contaminación, no había lugar a aceptar la demanda por delito ecológico. Se produjo el tercer y definitivo entierro.

Así que hubo que desenterrar y volver a enterrar a los rodaballos sacrificados. El palista, que ya era como de la familia, dijo: *"pero si en esta finca de la cona no hay sitio para hacer otro burato"*. Con estas limitaciones cuando la pala empezó a escavar en la zona de al lado, pero del lado de un único propietario, encontró a apenas medio metro un estrato de piedra que impedía seguir excavando, así que, en lugar de profundizar, avanzó a lo ancho y lo largo. Posteriormente lo tapó y aplastó como pudo intentando aplanarlo con cuidado, pero el peso de la máquina era superior al del calado de tierra y cada vez que entraba, los rodaballos salían por los lados.

Demasiada presión ejercida por el peso de la pala que no era contenida por el medio metro de tierra. *"Me cajo la cona"*, dijo el palista cabreado al salir de aquel agujero con algunos rodaballos enganchados en las ruedas de su pala. Un revuelo atronador de gaviotas lo seguía acusándolo de algo que no entendía y de lo que quería huir.

Al entierro asistió el notario por imposición y el equipo de producción por convicción. Nadie más. Esta vez sí que se hizo un entierro en condiciones. Dijeron que alguien puso algo así como "RIP BGA".

Por cierto, casi todos los rodaballos eran albinos.

El síndrome del puto calamar

Despuntaba el alba a doscientas millas de la costa argentina muy cerca de las Islas Malvinas y justo en el límite de su zona de exclusión económica. En ese mismo instante y bajo una luz intensa y cegadora, unas trescientas embarcaciones "poteras" se encuentran a la espera de lanzar sus artes de pesca. Miles de líneas cargadas con centenares de anzuelos, dispuestos ordenadamente, para la captura de una gran parte de las casi cincuenta mil toneladas de calamar que esperan coger en esta campaña.

Es tan intensa la luz que desprende esta congregación de barcos que, ese punto concreto del océano, se puede distinguir perfectamente desde el satélite que la NASA tiene rondando por la zona. Las malas lenguas dicen que está operativo desde lo de la guerra con Inglaterra, allá por el ochenta y dos. Aunque cada año es lo mismo, llegado el momento, vuelven a enfocar la zona, como si no se fiasen.

Esta actividad pesquera es de una importancia vital para la comunidad local ya que proporciona unos de los mayores beneficios económicos, sino el que más, de toda la temporada. El calamar tiene muy buen precio y el mercado mundial no se sacia, de hecho, demanda cada vez más, lo que hace que la presión sobre su pesquería aumente y aumente. La mayoría de las toneladas que se capturan se ultra congelan directamente en alta mar y pasan, de forma inmediata, a los barcos congeladores industriales, de ahí a los distribuidores frigoríficos y a los pocos días, a los mercados de medio mundo.

Las cajas 38 a 56 del lote 566-Mal con 5 kilos de calamares ultra congelados procedentes del barco "Luz de la Mañana", con sede Puerto Stanley, llegaron al almacén del principal mayorista de la zona. Habían pasado unos dos meses en un gran congelador argentino. Este congelador daba apoyo logístico a la pesquera. Su principal cometido era la recolección de las capturas de los diferentes barcos para que pudiesen continuar sin tener que regresar a puerto. Así podían optimizar al máximo el tiempo de pesca. Permanecieron almacenadas otros seis meses en un congelador de distribución minorista hasta que fueron a parar al carguero de mercancías perecederas que iba a transportarlo hacia Europa. Su destino, concretamente, era un puerto del norte de España.

Todavía hubo que sumar otros cinco meses en un almacén de un distribuidor local hasta que, finalmente, a principios de primavera, llegaron a nuestra planta para ser parte de la dieta de varios lotes de reproductores. Estaban destinados a constituir la base de la alimentación de los reproductores que estaban empezando su ciclo de maduración, el lote estrella del criadero "Dorada-güan".

Había pasado más de un año desde que fueron capturados y, al menos, tres intermediarios habían participado en el proceso de comercialización.

El calamar congelado, entero y sin eviscerar, resultaba un complemento extraordinario a la dieta habitual de pienso que recibían los peces. Todavía no disponíamos de las maravillosas dietas que posteriormente se formularon, como el famoso Vitalis Repro que precisamente se hizo con harinas de calamar, pero ya sabíamos de las extraordinarias cualidades de este molusco. Es que lo bueno.

Lo teníamos claro. Desde que introdujimos su uso generalizado la cantidad de huevos por kilo de hembra había aumentado, pero sobre todo observábamos un considerable efecto en la calidad de la larva. Sin duda alguna el calamar era una ayuda más que considerable para conseguir nuestros objetivos. Aun sin saber exactamente por qué lo que teníamos claro es que debían suministrarse enteros.

A la caja número 42, recién abierta, le caía un chorro de agua salada tibia procedente del desagüe de la piscina en la que estaba el lote de reproductores. Ramón utilizaba este procedimiento para descongelar los calamares lentamente. Las doradas estaban relamiéndose sabiendo que ya que se acercaba su hora de la comida. Incluso podía oírse su revuelo cuando notaban el movimiento previo al encendido de las luces de la mañana. Es muy posible que hasta detectasen que era martes, el primer día de la semana en la que recibían su manjar. Ramón estaba convencido que era así.

Los cinco kilos ya estaban descongelados. Los escurrió bien y los trasladó al caldero que utilizaba para alimentar. Ascendió la pequeña escalera de hierro que daba acceso a la puerta del estanque. Apoyó el caldero en la repisa exterior y abrió la puerta. Las doradas empezaron a nadar en círculo y acercarse a la puerta. Obviamente estaban acostumbradas, sabían que era la hora. Su hora de degustar el manjar extraordinario que esperaban ansiosas. Ramón se acomodó en el espacio que quedaba en el quicio haciendo uso de otro cubo algo más pequeño que solía usar para sentarse. Ya en su sitio, empezó a lanzar, poco a poco, los calamares al agua.

Nada más sentir el primer chop, los peces se abalanzaron con fruición, cerraron el círculo y empezaron a devorar los calamares, en un primer momento, con un frenesí asombroso, después, con algo más de sosiego. Continuó alimentando con normalidad durante unos minutos, en realidad pocos, ya que notó algo raro. Normalmente se comían todos los calamares, no dejaban nada, ni rastro y todo ello en unos escasos minutos. Pero ahora algunos peces los estaban rechazando, incluso observó que los regurgitaban enteros.

Paró de inmediato. Le quedaba poco más de la mitad. Siguió mirando con detalle, con extrema atención y con los ojos más abiertos que de costumbre. Se los frotó, una vez, otra, no acababa de creerse lo que estaba viendo. Algo estaba sucediendo. Algo que no era normal. Algo que les recordaba a episodios pasados. Algo que ya había vivido. Algo que acabaría siendo terrible.

Las doradas empezaron a saltar fuera del agua, es más, casi volaban de la fuerza con la que se impulsaban. Daban unos tremendos coletazos que impulsaban el agua en todas direcciones, empapando totalmente a Ramón. Las carreras, idas y venidas, eran feroces y sin ningún tipo de control, chocaban con las paredes y entre ellas. Siguieron unos cuantos saltos más y de repente se pararon. Tras un par de contracciones violentas cayeron como pesados plomos al suelo del estanque. Dejaron de moverse. Silencio. Un tenso y doloroso silencio en el ambiente.

Todos los peces estaban muertos. Había pasado delante de él y en apenas dos minutos.

No se lo creía.

Aunque ya se habían producido sucesos de características similares que acabaron con la muerte de un número considerable de peces, nunca con todos. Ésta era la primera vez que lo había presenciado directamente y no acababa de salir de su asombro por la rapidez del suceso. La verdad es que no sabía qué hacer. Tal vez pasaron unos cinco o diez minutos hasta que reaccionó. Le caía una lágrima y no era salada. No, no era agua de mar como consecuencia de las salpicaduras, es que lloraba de impotencia.

Con la mayor de las urgencias montamos un operativo que incluyó la movilización de varias personas de diferentes lugares de la península y así contamos al día siguiente, miércoles, con dos expertos veterinarios curtidos en cien mil batallas marinas.

Los doctores P. A. Dros y Z. Arza (Paco Andrés y Zacarías para los amigos) acudieron raudos a nuestra llamada de socorro.

Hombres duros (de los que ya han perdido muchas escamas) capaces de meterse entre pecho y espalda dos o tres instalaciones de trucha y un par de jaulas de dorada con cualquier síndrome y ante la mayor de las presiones de los productores que, boquiabiertos, veían como se desangraba su cuenta de resultados. Sin embargo, ninguno de los dos estaba preparado para lo que a continuación vendría.

Cincuenta y dos peces de cuatro kilos de peso medio, o sea, más de doscientos kilos de "misterio" esperaban en la cámara de frío cubiertos de hielo para que las condiciones del examen fuesen las mejores posibles. Se organizaron dos grupos de trabajo. Uno iba a ir extrayendo sangre de cada uno de los peces y a continuación seguirían con otras partes como branquias, hígado, páncreas, corazón y bazo que perfectamente identificados, pez a pez, irían a parar a botes con formol. El segundo grupo con ayuda de una sierra y mucha paciencia teníamos que "descerebrar" (literalmente hablando) a los cincuenta y dos peces que componían el lote.

No es fácil acceder a un cerebro tan pequeño y hay que ver lo dura que es la cubierta que lo protege, tal vez pensamos "tanto para tan poco" pero no estoy muy seguro. Acabamos finalmente realizando siembras en placas de Petri con diversos compuestos con la intención que si tenía que crecer algo que no fuese porque no tuviera dónde hacerlo. Estábamos dando palos de ciego, pero no queríamos dejar de dar el palo certero.

Realmente fue un día agotador, apenas si paramos para tomar unos bocatas y organizar la logística de los diferentes envíos de las muestras que se habían recogido. Una parte debía ir a Italia, otra a Inglaterra, otra a dos centros de la Península e incluso un par de muestras a Japón, entre estas se incluían los calamares, tanto enteros como parte de lo regurgitado por los peces.

Todo quedó convenientemente empaquetado y a la espera de que apareciese el mensajero. Muchas esperanzas estaban depositadas en los frascos diversos. Los miramos convencidos de que ahí había una respuesta ¿dónde? todavía no lo sabíamos.

Aprovechamos el día siguiente para repasar con atención y cuidado todos los detalles de este lote. Nos remontamos tres meses atrás, revisamos el protocolo y cada una de las actuaciones, los muestreos, movimientos, temperaturas, controles... y su alimentación.

Nos llamó el origen de los calamares, "Hemisferio Sur". Generalmente nuestro distribuidor solía traerlos del hemisferio norte y concretamente de la costa canadiense. No sé por qué, pero esa era la argumentación que hacía servir para convencernos del motivo por el que pagábamos más. Nunca le habíamos prestado una atención especial ya que el embalaje correspondía a la marca habitual y no entrábamos a valorar los detalles de la letra pequeña. Llevábamos cinco años trabajando con ellos y el servicio siempre había sido impecable. Le llamamos.

"Hemos tenido graves problemas para conseguir calamar del norte. Del norte, norte, quiero decir, de por allí por Canadá, más o menos. Vamos de donde siempre. Seguramente por lo del cambio climático, ve tú a saber, o por los americanos, que están metidos en todos los fregaos. Nos llegan noticias de que están en unas prospecciones petroleras y que están causando un trasiego de la pesca que no veas tú. Creo que los canadienses la van a montar. Dicen que se va a montar una guerra más grande que la del fletán".

Nos dijo y se quedó tan tranquilo. Prosiguió.

"El caso es que me he hecho con un lote de las Malvinas. ¡Qué aguas tú! Estos ingleses no son tontos, no. Es tan bueno que nos

lo quitan de las manos. Los del Parrefur, los del Tajo Británico y los del Pidel, todos los quieren. ¡Y yo que nunca los había traído de allí! Tranquilos, que no pasa nada, eh, que para vosotros siempre tengo".

Ahí quedó la cosa. Pasaron varias semanas y empezamos a recibir los resultados de los diferentes envíos que habíamos hecho, a medio mundo, del material biológico.

Microbiología, pssst, sin crecimientos raros, lo normal y esperable.

Histología del cerebro, vaya, como se esperaba, sin evidencias de nada anómalo.

Histología de los diferentes órganos, bueno, lo suyo. Algo había, pero nada que no hubiéramos visto antes en peces sanos.

Muestras de agua, no para beber, pero sin novedad.

Análisis de sangre, todo negativo y en los niveles corrientes, incluyendo el hematocrito. Eso sí, el colesterol bajo. Que comer pescado es muy sano.

El pienso, el mejor del mercado, pata negra.

Los calamares, ay, los calamares. Elevados y anómalos niveles de biotoxinas paralizantes. ¿Qué, qué, queeee...? ¿Cómo? ¿Pero qué es esto? Cagondiós.

Tuuuuut..., tuuuuut..., tuuuuut..., tuuuuut...

¿Sí? Karl Hamar al habla. ¿Diga?

Respondieron desde el organismo de investigación. Acabábamos de contactar con uno de los mayores expertos internacionales en pesquerías de calamar, asesor de la FAO, del

Ministerio y de la flota española. Posiblemente era el encargado de comprar los ingredientes para hacer la paella los domingos. Si en algún lugar sabían algo y si había alguien que supiera cualquier cosa al respecto era ahí. El crisol de la ciencia española, del calamar, claro.

"*¿Cómo? ¿Qué si entendemos de calamares? Pero... Hombre... ¿Acaso no sabe a dónde llama? Vale, vale. Nada, perdonado, es que hay cada uno... Si yo le contase. Sí, el nombre, sí. Ya ve, cosas del mestizaje. Claro, claro. ¿Bien?*

Continuamos con la conversación.

¿Cómo? ¿Calamares? ¿Intoxicación? Hum. Sí. Ya, ya veo. No, no somos conscientes de ningún episodio de intoxicación por consumo de calamar. No. No. No. ¡Qué noooo! Ni ahora ni en los últimos 20 años. Claro, claro, lo entiendo, pero... Ajá, ajá. Sí. Sí. Ufff. Vaya, vaya, vaya. Tremendo. Sí. Sí. Pues... Biotoxinas. Ajá. Ya veo, ya. Haber, déjeme pensar... ¡Sebas...!

Pasaron unos segundos.

Deben darse muchas circunstancias para que esto pase. ¿Qué? ¿Cuáles? Veamos, primero que se hayan pescado en el hemisferio sur y que coincidiese con una marea roja o similar, que hayan estado mucho tiempo almacenados y que sea difícil identificar el momento exacto de la pesca. Hum... ¿Trazabilidad? ¿Cómo? Es cierto que hay trazabilidad, pero si yo os contase las vueltas que dan hasta llegar a nuestro plato. Y luego están estos del Parrefur. ¡Sebas, echa un ojo, coño, que se van a pasar esos viales!

Otro par de segundos esperando.

Perdón, es que estos becarios. ¿Cómo? Sí... pero. Que sí... pero. Bueno, depende. Normalmente se hacen análisis diversos y raramente de toxinas, es que estas se pierden en la sartén... ¿Sabe? Ya, ya, pero... Uf, tendrían que darse toda una serie de condicionantes, vamos a ver, por ejemplo, que se hayan destinado a consumo enteros, sin procesar ni eviscerar y que se hayan ingerido a su vez enteros y crudos. Bah, pero eso sólo lo hacen los peces. Ah y esto nunca ha pasado, que yo sepa, claro. Espera, ¡Sebas...! ¿Tú sabes si lo del 78...?"

Tuuuut, tuuut, tuut, tut.

Pues sí, el "síndrome del puto calamar" existe.

Buenas vibraciones

Tras un intenso año de trabajo en el que la reproducción del bacalao había sido su único y exclusivo objetivo, la Dra. Fingersström se dijo que era el momento adecuado y que se iría de crucero. Qué mejor forma de esperar la aprobación de su nueva propuesta que en compañía de su amado y disfrutando de un lujo que no podía ni imaginarse. Lo había organizado con meticulosidad y ya tenía comprados los pasajes de lo que se anunciaba como el más romántico de los cruceros bálticos. Cinco noches de lujo bajo la luz omnipresente del verano del norte.

Mientras hacía la maleta no podía evitar sentir una acumulación de odio y rabia que le venía causada por el hecho que, en el último momento y sin preaviso, su novio, el Dr. Sluppström, la dejase plantada por una estudiante procedente de un país sudamericano poseedora de unas virtudes tremendas.

Siguiendo el consejo de su mejor amiga, Tøkan Meemas, se propuso seriamente olvidar e ignorarlo y nada mejor que hacer ese crucero en compañía del mejor invento que se había hecho recientemente. Un artilugio en boca (y más) de todo el mundo y del que su amiga le decía que moría por él.

Era el último modelo de vibrador. Ergonómico y realista, un punto chic y sofisticado, vamos un lujo de placer. Tanto despertaba la admiración (la publicidad ayudaba *"Ideal para descubrir nuevas sensaciones"*) que no sólo estaba causando devoción entre las usuarias, sino que estaba acabando, de una vez por todas, con el mito masculino y la necesidad de disponer de hombres.

—*Total, para que te hagan esas guarradas...* Pensamiento generalizado expresado en confesión de Tøkan a Mette, nombre propio de la Dra. Fingersström.

El día antes, acompañada de su amiga, fueron a un famoso sex shop de la capital donde las colas para adquirir el extraordinario instrumento empezaban a ser portada de la prensa nacional. Colas inmensas en las que se apreciaba una creciente excitación a medida que las personas se iban acercando a la puerta del establecimiento. No sólo había mujeres, que todo hay que decirlo. Virtudes sin duda debería tener.

Nueva cuña publicitaria: *"Con su regulador progresivo tendrás el control total"*.

Mientras esperaba en la cola su turno, escuchó unos comentarios provenientes de una mujer que hablaba con otra como si hubiera vuelto a renacer: *"Acabo de tirar el Prozac"*, fueron decisivos para no pensárselo dos veces y adquirió el magnífico consolador.

Acabó de meter en la maleta la sencilla pero exquisita bolsa que lo contenía. Sintió un escalofrío al cogerlo. Cerró la maleta y de inmediato echó la llave de la puerta de su casa destino al puerto. También intentó dejar allí sus dolorosos recuerdos recientes.

Por delante cinco maravillosos días con sus noches para olvidarse de todo, pero especialmente para extirpar de cuajo de su memoria a ese cabrón que la había abandonado por la tan exuberante estudiante. Tal vez esos recuerdos no quedaron tan bien guardados... No es que sintiese envidia ni celos, no era eso exactamente ya que era capaz de reconocer que era endiabladamente seductora. Era otra cosa. Pero todo eso poco importaba ahora. Se sentía poderosa con el tesoro que llevaba en su maleta y sabía con toda seguridad que no la abandonaría nunca.

Publicidad: *"Descubre un placer inigualable"*. Sabían venderse.

No se había equivocado, el crucero era un verdadero lujo. Lujo que compartiría con su nuevo compañero el *"Orgasmeitor3000 Premium Plus"*. Sonrió al recordar que lo que realmente le hizo darse cuenta que era lo que buscaba, era la publicidad que leyó en la caja: *¿Quién necesita a los hombres?*

Una cena deliciosa, magnífica, evocadora y llena de sabores que no recordaba. Cada nuevo bocado provocaba una explosión de placer que iba directa de sus pupilas a la parte más primaria de su cerebro. No podía contenerse. El vino ayudaba. Un gran vino de una zona tremendamente exótica del sur de Europa y que no conocía en absoluto la *"Terra Alta"*. Se apuntó mentalmente que debería realizar un viaje a esa tierra.

Emocionada, con la sensibilidad a flor de piel y temblando por lo que sabía iba a encontrarse se dirigió a su camarote paseando por babor. El aire fresco atenuado, la extraña luz diurna de la noche y el color del agua la transportaban casi en volandas hacia su placentero nido.

Abrió la maleta, tocó el envoltorio de su Orgasmeitor, otro escalofrío. Lo retiró con suavidad y observó el aparato. Pura lujuria bajo la sencillez proporcionada por la más alta tecnología soportada con una batería inagotable. Se le había quedado grabada la cuña publicitaria que vio en la pantalla de la tienda mientras esperaba su turno para pagar: *"Jamás te abandonará"*

Cinco minutos en solitario bastaron para darse cuenta que la publicidad no engañaba, al contrario, cuánto había estado ella engañada por la carnalidad de un hombre inseguro y con tan pocas prestaciones.

Era increíble como una cosa tan pequeña podía ser capaz de integrar tanta potencia y consistencia haciendo que cada poro de su cuerpo fuese receptor de señales físicas que desconocía y que de inmediato desencadenaban una reacción química tras otra, imparables. Nunca había sentido nada igual. El primero de los muchos clímax que percibía y de los que sin duda iba a ser agraciada estaba a punto de producirse, a punto… a punto…

Publicidad: *"Inagotable"*

Brrrr…pzzzz…pzz…p

— *¿Cómo? ¿Qué? ¿Pero es que esto sólo me puede pasar a mí?*

El Orgasmeitor acababa de pararse. Así, en seco, sin más. De repente. Casi como un hombre.

Con las terminaciones nerviosas locas, las pulsaciones disparadas, el cuerpo medio en convulsión, el principio de placer infinito se volvió rabia, la rabia desesperación, la desesperación odio y el odio hizo que abriera el ojo de buey de su camarote y con toda la fuerza que le proporcionaba la mala leche acumulada lo lanzó al mar todo lo lejos que pudo. Se quedó mirando por la ventana y vio cómo se iba un poco de su vida. Se sintió sola y triste. Le temblaban las piernas. Al menos le quedaba el recuerdo y procuró alargarlo todo lo que pudo. Pudo.

Casi a media milla más allá, nada más entrar en contacto con la fría agua del Báltico el Orgasmeitor despertó.

Brrrrrrrrr...

Empezó a hundirse poco a poco, poco a poco, girando sobre sí mismo y emitiendo unas ondas que de inmediato fueron fuente de atracción para un grupo de bacalaos. Una hembra grande, de casi 20 kilos, se abalanzó haciendo uso de toda la potencia que podía desplegar su aleta caudal sobre lo que percibía como algo exquisito. Se lo zampó. Casi se muere del gusto, digo... del susto.

Al cabo de unos segundos y tras llegar a su estómago, *brrrr...pzzzz...pzz...p*

Publicidad: *"Resiste mientras tu resistas"*

Pasaron un par de meses, empezó la migración y la época de puesta. El grupo de bacalaos estaba alterado. Los movimientos reproductivos eran cada vez más intensos. A los despliegues de acelerones y paradas en seco se sucedían fuertes sacudidas continuadas de tres o cuatro machos que acababan golpeando su abdomen, de pronto... *Brrrrrrrrr...*

Tras dos días de vibración ininterrumpida la bacalao estaba exhausta y descolocada. No podía seguir a su grupo por lo que fue una presa fácil de unos pescadores que no daban crédito a lo que veían. Una bacalao que se dejaba coger con las manos, nada menos que de 20 kilos y que emitía una extraña vibración que los cautivaba. Se turnaban por tenerla un rato en sus manos. Vaya, vaya.

Tan fácil fue capturarla que pudieron pasarla a un tanque y mantenerla con vida sin dificultad, siempre extrañados por su comportamiento, siempre con ganas de tocarla un poco. No podían explicarlo, pero es que daba un gustirrinín. Sabían que el instituto de investigación cercano a su puerto de amarre pagaba de una manera extraordinariamente buena, casi 20 veces su valor en el mercado, si conseguían ejemplares como la que habían logrado y añadían un plus si llegaban vivos.

Fue de esta manera como llegó nuestra bacalao con el Orgasmeitor, después de algo más de tres meses, a manos de la investigadora que estaba al cargo del proyecto de reproducción, la Dra. Mette Fingersström. Con la nueva financiación había podido adquirir material sofisticado que estaba deseando probar. Especialmente un ecógrafo de nueva generación que iba a permitirle determinar el estado de madurez de los peces sin tener que sacrificarlos. Cosa que siempre le había producido un altísimo pesar. ¡Es que era tan sensible!

La Dra. Fingersström había visto muchos peces, desde luego, pero el comportamiento de esta bacalao la desconcertaba. Nada más tocarla sintió un escalofrío acompañado de extraños recuerdos, convulsos recuerdos, malos y buenos. Intentó concentrarse en el trabajo, pero no pudo evitar que una corriente nerviosa atravesara su espinazo.

Miró el gonoporo y se dio cuenta que era una hembra y por la hinchazón de su abdomen probablemente en un estado de madurez avanzado, casi a punto de la puesta. Preparó un baño con anestésico para adormecer al pez y poder manejarla adecuadamente. Apenas tres minutos en el caldo sonnífero y paró el coleteo, no la extraña vibración. *Brrrrrrrr...* Un nuevo escalofrío. Se le erizó la piel y un cierto tembleque de piernas le empezó de forma involuntaria. Sin saber cómo ni por qué empezó a salivar y a recordar ciertos sabores de meses atrás y...

— *¿Qué era aquello que tenía que recordar de una tierra de vinos? ¡Hay que ver qué cosas!*, pensó.

Sacó a la hembra del agua, la apoyó con extrema suavidad sobre una bayeta y acercó el ecógrafo a su abdomen. Lo encendió y empezó a ver una imagen difusa en la pantalla. Efectivamente era una hembra, no se había equivocado, por algo era la mejor en este campo, y con una gónada totalmente desarrollada, pero... ¿qué era eso que aparecía? No, sin duda alguna eso no era un trozo de gónada momificado, no. Eso... De inmediato se le formó la imagen en su mente. No, no podía ser, imposible.

—*Eso, eso, eso es un Orgasmeitor"*, gritó.

Publicidad: *"Es tuyo y sólo tuyo"*

En la tienda, al comprarlo, le ofrecieron la posibilidad de serigrafiar su nombre o el que quisiera para hacer que el "suyo" fuese siempre suyo. Cuando se lo dijeron le pareció un tanto naif y primitivo, sin embargo y como venía de una dolorosa relación en la que había quedado dolida y sola, dijo que sí y pidió que le pusieran el nombre de *"Min thingy"*. Cosas suyas.

Con extraordinario cuidado practicó una certera y delicada cesárea a su querida bacalao. Extrajo el aparato. Cosió y cauterizó. La pasó a un tanque con agua fresca y oxígeno abundante. Le administró un antibiótico de amplio espectro para evitar posibles complicaciones.

Observó cómo poco a poco recobraba el conocimiento y empezaba a nadar. Al principio un tanto desordenadamente, al cabo de unos minutos de forma normal. Se había recuperado bien y estaba convencida que le proporcionaría unas puestas de calidad excepcional. La bacalao parecía nadar relajada y se diría que hasta contenta.

La Dra. Fingersström tenía en sus manos un *"Orgasmeitor3000 Premium Plus"* con un nombre xerografiado, el suyo. Y no paraba de vibrar. Presionó el botón de *"on/off"*. Paró. Volvió a presionarlo, se activó, *Brrrrrrrr*... Sin saber por qué estuvo haciendo este gesto durante varios minutos. Ni un solo error. Ni un solo mal funcionamiento. Perfecto. Tal y como meses atrás había leído en las instrucciones: *"Toca sin parar y sin parar, toca el cielo"*

Decidió dejarse llevar por la pasión y acabar lo que meses atrás quedó pendiente.

Las cosas de internet[1]

"Confirmado, mañana nos instalan el modem"

Meses esperando oír esta sencilla frase que sonaba a música celestial. Acabábamos de pasar el síndrome del Y2K y la confianza en la red y sus virtudes aumentaban de forma exponencial. Ya no había efecto que procediera del error del milenio. Todo estaba superado y a partir de ese momento podríamos tener una ventana al mundo naciente de las comunicaciones instantáneas y acceso al inmenso poder de la información. Un poder sin límites a escasas doce horas y un clic.

---

[1] Esta Ilustración es obra de Marta Aguilera

Apenas si pude dormir de la emoción. A las cinco de la mañana ya estaba revoloteando y pensando en qué magníficas cosas podría hacer cuando, tras el ruido procedente de la tarjeta Broadcom "chirrichirriiiii-chiiiik, chirrichirriiiii-chiiiik, chirrichirriiiii-chiiiik...", apareciera en la pantalla de mi ordenador personal la demodulación de su data-set. Ya lo había visto en otros ordenadores, pero no acaba de creerme que pudiera hacerlo desde mi propio dispositivo.

A las seis y media estaba encendiendo la CPU y mirando la pantalla. Quería despedirme del entorno inmediato y decir adiós a la cerrazón de un equipo capado ante los avances tecnológicos. Por fin el paso a la transmisión de datos y su conversión digital. Millones de datos esperando ser consultados, correo electrónico con inmediatez casi, casi... instantánea, internet y redes sociales.

No podía creerlo, todo el conocimiento disponible de la ciencia acuícola al alcance de mi mano, nunca mejor dicho, y sin tener que escribir cartas solicitando ensayos, estudios, tesis, *papers*... que cuando acababan llegando eran ya casi obsoletas. Si la ciencia podía ayudar a la acuicultura era justo ahora, era cuando más lo necesitábamos y estábamos a un paso de poder solucionar todos los problemas relacionados con las carencias productivas que esta industria presentaba. Éramos como los pioneros que iniciaron la conquista del oeste y en breve dispondríamos de los carruajes de última generación y los mejores caballos de tiro.

Lo que sucedía es que ese pequeño paso estaba condicionado a que el técnico encargado de instalarnos los dispositivos requeridos llegase a su hora. Ansiábamos actualizar nuestros aparatos y salir huyendo de la oscuridad del papel hacia la luz cegadora de los datos transmitidos por los pulsos eléctricos que oscilan entre los diferentes niveles de voltaje.

Generalmente dos son los niveles, aunque yo consideraba excesivo uno posiblemente por la asociación al calambrazo proporcionado por el cable húmedo que desde la pared subía hasta mi mesa y, que por circunstancias que no vienen al caso, estaba próximo a un charco que por capilaridad pasaba de la planta de producción al zulo en el que nos encontrábamos. Aun así, no nos importaba porque debía ser lo mínimo que debíamos sufrir para alcanzar el nirvana de la tecnología emergente.

No podía quitarme de mi cabeza un artículo que me había iluminado, decía…

"Por Internet se pueden hacer muchas cosas, mandar y recibir mensajes, conversar, comprar y vender, recibir y dar clases, hacer experimentos a distancia, oír música y ver videos, viajar y visitar museos, estudiar, ganar dinero y amigos, perder el tiempo o divertirse"

¡Hasta perder el tiempo! ¿Cómo se podía perder el tiempo en Internet? ¿Pero qué gente desalmada era capaz de usar esta maravilla para cosas que no fueran las puramente relacionadas con el conocimiento infinito? Seguramente el comentario provenía de una mente febril que se había dejado llevar por las pasiones más oscuras. Sin embargo, continuaba...

"La lista es interminable y suena más bien a un catálogo fantástico. Además, tiene la virtud de expandirse explosivamente al ritmo de las iniciativas más variadas, individuales, comerciales, políticas, religiosas, culturales y científicas".

¡Científicas! ¡Oh! El Paraíso en la Tierra. Me había conquistado. ¡Qué ilusos éramos!

El técnico llegó a las ocho y media con su cajita mágica y un par de destornilladores. La caja contenía la tarjeta de red PCI gigabit-lan-adaptador-fast-ethernet-101001000 más bonita que yo había visto en mi vida, también era la primera, que todo ha de decirse. Se me saltó una lagrimita de la emoción. Me dijo, "aparte por favor". Faltaría más Ud. es Dios y me va a abrir las puertas del paraíso, ¿un café?, le dije, ya que quería congraciarme con el técnico informático, no por el poder de su capacidad sino por la absoluta dependencia que teníamos de esos seres que, cual dentista, perdón odontólogos, eran capaces de hacer cosas inimaginables en el espacio interior de la boca de acceso al mundo de las expansiones explosivas.

Con leche por favor. Me respondió. Cabrón podrías haber dicho que no, pensé, que igual me pierdo algo esencial en el momento del desatornillado de la pared trasera de la CPU. Me mordí la lengua y salí disparado a la cafetera.

Por suerte, alguien con mucho más sueño que yo había hecho café, así que, y aún a sabiendas de la bronca que me esperaba por no respetar el orden cafetero establecido por acuerdo general, me hice con dos tazas y llegué en el justo momento en el que despanzurraba la CPU sobre la mesa de mi escritorio. ¿Pero qué haces? ¡Mamón! ¿Eh? Perdón es que creí que se me caía el café. Menos mal que era algo sordo. No quería enemistarme por nada del mundo con el técnico al que estaba consagrando mi entrada en la vida adulta de la...

"Internet ha creado como por arte de magia un medio de comunicación que nadie pudo prever hace apenas una década y que hoy nadie controla".

Me vino a la memoria otra frase del artículo y me calmé. Yo sí que lo voy a controlar.

Observé cómo tras haber quitado la tapa trasera estiraba de unos cables de colores variados acabados en unos conectores de color crema con agujeritos. Seguro que este tío luego no sabe dónde colocarlos, a ver si ahora me va a joder el equipo y... Me miró como si me hubiera leído los pensamientos, miró al equipo, cogió la taza de café y le pegó un trago sonoro. A estos dioses se les perdona cualquier cosa. Me he dejado el destornillador de estrella pequeño, ahora vuelvo, dijo tan tranquilo.

Noooo... cómo es posible que te marches en este momento. No ves que estoy a borde de un ataque de ansiedad. No puedes marcharte y dejarme las cosas así, eso no es de seres humanos es de personas despiadadas, crueles e insensibles. Pero si voy al coche que lo tengo en la puerta. Ah, vale, perdona... es que... Ya, ya. Si es que todos sois iguales. Eso lo será tu p... ¿Qué? Nada, nada, cosas mías. Apúrate que se te enfría el café.

Treinta segundos después estaba de vuelta, parecía que había pasado un año. Otro trago al café. ¿Este tío no trabaja? Y hundió su cara en la parte trasera donde la placa base, conexiones variadas, puertos seriados, salidas de sonido, imagen y su puñetera constelación medraban y a los incultos informáticos nos hacía parecer que la idiotez acaba de nacer en el momento en que alguien montó el primer ordenador individual.

"Ante tamaña novedad es urgente involucrar a todos los ciudadanos, en especial a los educadores. Contamos ahora con un instrumento formidable para superar muchas deficiencias de la enseñanza, para derribar murallas de odio y de discriminación, para ser protagonistas del proceso insoslayable de la globalización, para construir un mundo más rico, justo, solidario y bello."

Con un párrafo tal, cómo iba yo a decir que no a todo, cómo iba yo a negarme a construir un mundo semejante si estaba a punto de derribar las murallas de mi aislamiento. ¿Seguro que ese cable es de ahí? Le pregunté con una candidez rayana en la más absoluta de las ignorancias. Hizo como que no me oyó, pero yo sé que esta vez sí que me oyó porque dijo no sé qué de unos cojones.

Empalmó el último cable y atornilló la placa al sustento metálico. Empezó a cerrar la tapa trasera. ¿Ya? Le pregunté. ¿Sólo eso? ¿Seguro que no te dejas nada? Mira que...

"todo ello corre el riesgo de quedar como un nuevo catálogo de posibilidades y de buenas intenciones si no aprovechamos la verdadera ventaja de Internet. Esta ventaja se llama: libertad."

Era evidente que en ese momento yo tenía toda la libertad del mundo para opinar y decir lo que me parecía, porque una cosa es que creamos que los técnicos informáticos sean los amos del nuevo mundo y otra muy diferente es que nos chupemos el dedo.

El técnico, sintiéndose amo y señor de la situación hizo el magnánimo gesto, seguramente consecuencia de la infinidad de veces que lo había escuchado en los últimos meses, de dejarlo pasar y vino a decir, vamos a llevarnos bien que yo sé que en menos de una hora ya me estás llamando, ¿vale? Vale, dije yo, y perdón por interrumpirle que ya sabe Ud. que los nervios son muy malos. El café que hace estragos. Seguro, dijo. Asentí abochornado. Sabía que era totalmente cierto que ya lo había visto con anterioridad y no quería que me pasase a mí. No tan pronto.

Acabó de conectar el teclado, el ratón, la pantalla y... "tachán" el cable de red telefónico. Colocó las cosas en su sitio y se sentó confortablemente frente a la pantalla. Yo apenas si veía y le empuje con el codo haciéndome sitio a su lado, bien pegado a él que no quería perderme nada. Le dio al botón de encendido y... nada. Apareció en la pantalla lo de siempre. Nada nuevo, nada de...

"Aquí está el meollo, la razón del inmenso impacto de Internet en la sociedad contemporánea. Internet es libre. Por algo la polémica se inicia muchas veces por la censura, el terrorismo, la pornografía, el narcotráfico. Estos temas deben ser expuestos y discutidos, el delito es tan inadmisible en el mundo virtual como en el real."

...nada.

Pero si yo no quiero nada de eso.

Jesusito de mi vida que cruz, dijo el técnico. Ahora tenemos que configurar la intranet para obtener acceso a internet, sentenció grave el técnico. Ahhh, ya claro, claro. Uf, respiré aliviado.

Ves este botón de ahí que pone "mis sitios de red". ¿Dónde? Ahí. Ah, sí, sí. Pues le das clic al botón derecho. Mira, ahora sale "propiedades" otra vez clic y luego "configuración". Espera, espera que vas muy rápido y no me da tiempo a anotar. Pero... ¡Santa Paciencia! ¿Qué? Nada, eso no lo anotes. Primero te aparecerá la TCP/IP: Adaptador Intel 8255x... dale a "propiedades" y busca la "puerta de enlace", es esta mira: 192.168.0.250. Luego busca la "dirección IP" que debe ser:

192.168.0.128 y como "máscara de subred" escribes: 255.255.255.0.

Agghhh. Socorro, me ahogo. Tengo un ataque de ansiedad, no dispongo de ansiolíticos y este capullo se cree que soy un genio.

"El ser humano pasa por varias etapas morales en su vida que han sido descriptas magistralmente por psicólogos como Piaget y de Kohlberg y sería oportuno replantear los temas de la evolución moral..."

Y a continuación tenemos que establecer la "configuración de la red externa". Es sencillo, pero recuerda que esto es para cuando estás en tu casa, de viaje... ¿Qué? ¿Esto se puede llevar a todos los sitios? Vas a "mi PC" y clic, luego a "acceso telefónico a redes" y en "mi conexión" doble clic. Ah, y no se te ocurra tocar F5 que lo actualizas y la jodemos. ¡Yoooo, pero si yo no toco nada..., nunca!

Es ahora cuando hay que poner tu "dirección de correo" y desmarcas con la vírgula la casilla de "guardar contraseña". Recuerda que el teléfono es el específico para el nodo y ojo con el nombre de "usuario del servidor de correo" que se encuentra en la pestaña de "herramientas", que es donde hay que poner el teléfono y el nodo.

Fundido en negro y cortocircuito cerebral. Eso es lo que en ese mismo momento sentí.

"Internet nos ofrece, en suma, un instrumento multiforme que debemos aprender a aprovechar. Nos da cabida a todos, sin restricciones".

Sentí que iba a quedar excluido de ese mundo, que yo estaba predestinado a ser una de las restricciones y que jamás llegaría a poder usar internet.

A continuación, marcamos con el botón derecho del ratón "propiedades" y nos vamos a la pestaña de "general" y en "mi conexión" escribimos el teléfono o el nodo local para después...

¡Para! ¡Por Dios para ya! ¡Pero tú quién te crees que eres maldito...! Sólo lo pensé, aunque fue un pensamiento muy fuerte, y apuré rápido a continuar anotando porque no paraba.

...en "funciones de red" colocar PPP. Internet. Windows 200... e inmediatamente habilitar la "compresión por software", ya que, si no, no podremos habilitar la TCP/IP y decirle que la "dirección sea la asignada por el servidor" y...

"Cada comunidad ofrecerá su aporte creativo y la red digital permitirá la integración de muchos esfuerzos hasta ahora dispersos. Sabemos que estamos todos invitados a participar con la mayor libertad. Algunos ya han comenzado a hacerlo".

Yo todavía no y a este paso nunca.

... posteriormente poder escribir la "dirección del servidor asignada por el usuario" que en la que la DNS principal será: 195.5.64.2 y en la DNS secundaria: 195.5.64.6. Esencial es marcar las casillas de "utilizar la compresión y la puerta..."

Yo lo capo. Este no sale vivo de aquí. Se cachondea de mí. Se hace el chulo porque yo no tengo ni puñetera idea y lo que quiere es que esto parezca una cosa de superhombres que dominan a las máquinas. No me resigno a darle el gustazo de que se crea que no lo entiendo, así que ataco. Esto... ¿me lo podrías repetir que es que no lo he pillado muy bien? ¿Dónde te has quedado? Cuando pusiste el último tornillo. Me clavó la mirada. ¿Qué? En lo de la DNS secundaria. Ah, vale: 195.5.64.6. Esencial es marcar las casillas de "utilizar la compresión y la puerta...

Lo dicho no sale con todos sus atributos.

...para ir a "seguridad", allí vuelves a escribir la dirección de tu correo y tu contraseña y le dices que sí, que requieres "contraseña cifrada". ¿Está claro?

Clarísimo que sales de aquí con restricciones reproductivas severas.

Estos sencillos pasos son los que te van a permitir tener acceso a internet, dijo sin apenas modular la voz, pero seguro que también querrás tener acceso al correo electrónico ¿cierto? Sí, claro que sí, pedazo de eunuco, de nuevo estuvo a punto de escapárseme lo que pensaba. Claro, claro, dije.

Pues vamos a empezar a crear y configurar tu cuenta. Cuenta, cuenta, le dije.

"Yo recomiendo instruir a todos los docentes, sin excepción, en el buen uso de Internet. Sólo así podrán guiar responsablemente a sus alumnos en el siglo XXI."

Yo era un alumno aplicadísimo que quería entender, aunque este técnico careciera de las más elementales capacidades docentes. Un mal muy extendido en este perfil por lo que he podido ver en años posteriores. Y que me lo aplico en primera persona.

En Outlook, dijo, le das a "herramientas" y luego te vas a "cuentas" ¿te das cuenta? Me doy. Y entras en "correo". Fácil, ¿verdad? Ya. En "propiedades" clicas en la pestaña de "general" y escribes tu dirección de servidor de correo, que ya sé que no tienes ni idea pero que es esta que te dejo aquí escrita. Cabrón, pensé. Luego pones tu "nombre" de usuario; mejor que sea el propio para que te conozcan y en la "dirección de e-mail" tu dirección de e-mail. Hasta aquí hemos llegado, pensé. Claro, claro, le dije. Que ya casi estaba. Finalmente les dices que "incluir la cuenta…"

"Pero necesitamos un debate más amplio sobre la libertad en una sociedad abierta, sobre el desarrollo de una conciencia moral en la sociedad digital."

…y nos vamos a "servidores". Servidor lleva perdido desde que estaba pensando en qué era mejor, si usar la tijera de poda o el bisturí para proceder a la extirpación de… Hice un esfuerzo por concentrarme. En POP3 lo mismo que en el general de las propiedades del correo y en el SMTP lo que también te dejo aquí escrito, pero mejor… mejor sigo. Sigue, sigue.

En el "nombre de la cuenta" la que te han asignado, ¿quieres cambiarla? ¿Puedo? Claro es el momento. Pues no, así está bien. Vale. Y ahora tu "contraseña". Debe ser fácil de recordar, pero difícil de adivinar. ¿La tienes? La tengo. ¿Me la dices? Y un huevo. ¿Qué? Nada, es esta: **********. No está mal. Dale a "recordar contraseña" porque creo que no te acordarás. De ti sí que voy a acordar cada día un poco como no me funcione, de nuevo el subconsciente traicionero.

Luego en la pestaña de "conexión" le dices que sí a "conectar siempre" con "mi conexión". ¿Cómo que con la tuya? Si es mía. No se describe la mirada del técnico por motivos de decoro, prudencia y respeto a las personas sensibles. Ya, pero como pone "mi conexión". Ah, vale, es que no lo has explicado bien. Ya. Ojo, esto es importante, apunta. Apunto. En la pestaña de "configuración avanzada" ...

Uyyyy, que es to ya es de nota, que estoy en el nivel de los expertos.

...le dices que sí, que hay que "mantener una copia de los mensajes en el servidor", que ya verás cómo más de una vez la cagas. Y por último...

Qué tremenda emoción. Qué tensión tan desmedida. Qué sinvivir.

¿Qué? Que por último en "opciones" le dices en la pestaña de "conexión" que te "preguntes antes de..." ¿Antes de qué? ...antes de preguntar si quieres cambiar la conexión predeterminada, la tuya no, "mi conexión". ¿La tuya? Nooo, la tuya. Ah. Y sobre todo "marcar cuando no esté conectado a la red". ¿Quién? Vale, lo dejamos.

"Sabemos que estamos todos invitados a participar con la mayor libertad. Algunos ya han comenzado a hacerlo."

Vamos a probar. Probemos.

No recuerdo cual fue el primer e-mail que envié ni a quien, pero seguramente fue a mí mismo, cosas del desmesurado egocentrismo que uno tiene, y el texto sería algo como "prueba". Como si el propio ordenador no supiera que se lo estaba enviando a mí mismo, si hasta yo lo sabía. Pero el técnico me dijo que no, que el ordenador no lo sabía y que era el protocolo habitual. Bah.

Tampoco recuerdo la primera dirección que puse en el buscador, en este caso "Yahoo!", bueno... sí que la recuerdo, pero... a quién le interesa.

Nota: El texto en cursiva corresponde parcialmente a "Las ventajas de Internet" Por Antonio M. Battro. Dimingo 12 de marzo de 2000. La Nación. Argentina.

Stars soup

—Tenemos una llamada telefónica del SETI.[2]

— ¿De qué?

—Del SETI.

— ¿Qué?

—De los que buscan extraterrestres.

—Vale ¿Y...?

—Que no es coña, que es de verdad. Que dicen que han detectado una señal procedente de...

---

[2]SETI es el acrónimo del inglés Search for Extra Terrestrial Intelligence, o Búsqueda de Inteligencia Extraterrestre.

—Ah, ya lo he leído en la prensa, de una estrella lejana muy misteriosa, la HD164595 que...

—No.

— ¿Cómo?

—Que la señal viene de aquí.

— ¿Qué?

—Que sale de nuestro criadero y que es potentísima. Que tiene un comportamiento claramente extraterrestre y que se les ha vuelto loco el SEAT-600. Que vienen para ver qué es.

— ¡Coño! ¿Cuándo?

—Están de camino.

—Pero... Llama a Ramón que él sabe.

— ¿Ramón? ¿El de mantenimiento? ¿El electricista?

—Claro ¿Quién si no? Seguro que él sabe de qué va todo esto.

Después de un periodo de tormentas eléctricas inusualmente violentas la mayoría de los sistemas de control de la planta habían quedado inservibles. Los controladores de las bombas marcaban el horario de entrada y salida de los trabajadores. El controlador de entradas, a su vez, indicaba los niveles de oxígenos registrados en los diversos tanques de cultivo larvario. Los sensores de oxígeno proporcionaban información de la intensidad de los LEDs que mantenían el fotoperiodo fijado para los reproductores.

Mientras, los lectores de la intensidad de la luz se comunicaban, vía módem, con la cafetera del establecimiento hostelero situado a poco más de dos kilómetros. Evidentemente el dueño de la cafetería no encontraba explicación al hecho que el marcador de presión de su cafetera ofreciera información del pH con una indicación que decía "sala de artemia".

Ramón llevaba varios días volviéndose loco intentando entender el motivo de tal desajuste y, lo que era peor, saber por qué cada vez que creía tener arreglado alguno de los problemas de comunicación aparecía uno nuevo, normalmente peor y más complicado.

Harto de esta situación, había decidido prescindir de los sistemas de control implantados por una empresa de tecnología de la comunicación altamente especializada en emisión de señales múltiples. De forma que se trajo de casa una vieja antena parabólica que solía usar antes de los cambios impuestos por los sistemas de TDT. Ahora tenía cable.

Hizo un apaño que consistió en conectar la antena parabólica, de más de dos metros de diámetro, mediante un puenteo al cuadro eléctrico que recibía las señales de los diferentes sensores y que se encargada de transformar la señal en bits, para que el ordenador central operase adecuadamente.

Ciertamente había tenido alguna dificultad para dar con la banda adecuada de emisión y recepción, pero con una antena de cuernos, recuerdo aún más antiguo de otros sistemas televisivos, y treinta metros de cable consiguió hacer un amplificador que era capaz de abarcar todo el perímetro de la planta. Incluso un poco más, aunque no sabía exactamente cuánto más. Sabía de alguna queja del de la cafetería, pero es que siempre se quejaba por todo.

Poco a poco estaba consiguiendo que cada aparato emitiese la señal específica, que fuera adecuadamente leída por el receptor y que se transformara satisfactoriamente para que el ordenador central la entendiese y devolviera el valor correcto a donde correspondiera, mejor a la pantalla de lectura de cada uno de ellos. Y a la cafetera también.

Todo iba, más o menos, bien hasta que modificó la frecuencia de emisión, buscando un poco más de amplitud y finura de la señal, y empezó a darse cuenta que algunos de los receptores empezaron a trabajar de forma extraña. Tal vez se había pasado un poco, pero sólo había conectado el nuevo sistema a un entramado en paralelo de ocho baterías de camión que había cebado con el líquido raro que sobraba de dar de comer a los peces y que había traído aquel señor japonés tan raro, meses atrás.

Posiblemente la espuma verdosa y densa que salía de los compartimentos y de las celdillas de las baterías le debería haber llamado la atención, sin embargo, Ramón sólo observada un considerable aumento de potencia. Tanto que había decidido conectar el sistema de luces auxiliares montadas alrededor de la sala de control para ayudarle durante la noche. La verdad es que las bombillas brillaban con una intensidad significativamente mayor que la habitual e incluso emitían un espectro de luz diferente. Tanto le agradaba que estaba pensando en sustituir el sistema de suministro de red y cablear todo para alimentar a la planta con la nueva fuente de energía, cuando sonó su teléfono.

—Ramón, te presento al Sr. Brill Ante, del SETI.

—¿De dónde?

—Del SETI.

—¿Qué?

—De los que buscan extraterrestres.

—Vale, ¿y ...?

—Que no es coña, que es de verdad. Que dicen que han detectado una señal procedente de...

—Ah, ya lo he visto en la tele, algo de una cosa que han descubierto con el SEAT-600 que...

—No.

—¿Cómo?

—Que la señal viene de aquí.

—¿Qué?

—Que sale de nuestro criadero y que es potentísima. Que tiene un comportamiento claramente extraterrestre y que es de 0,75 Janskys[3]. Que vienen para ver qué es.

—¡Uy! Igual me he pasado un poco.

Los fenómenos atmosféricos masivos de las semanas anteriores habían afectado a alguno de los aparatos más sensibles del radiotelescopio de Hueleachamuskaya. Al Ienov

---

[3] La **unidad de flujo** o **Jansky** (símbolo **Jy**) es una unidad, no perteneciente al Sistema Internacional de Unidades, de densidad de flujo espectral, que equivale a 10^{-26} vatios por metro cuadrado y por hertz.

estaba preocupado porque los recortes presupuestarios estaban afectando seriamente al mantenimiento de la unidad SEAT-600 y ahora...pasaba esto.

Ya no era suficiente con la cinta americana y un poco de la característica habilidad manual rusa, esto era mucho más serio. Lo que estaba fallando era el sistema de medición de señales extraterrestres. Este sistema era lo que le daba sentido al proyecto internacional en el que trabajaba. En repetidas ocasiones se lo había comunicado a su jefe, el reputado astrofísico Brill Ante, del que sólo obtenía un "ten paciencia que todo se arreglará y ojo avizor", ya que tenía el presentimiento de que algo gordo iba a pasar y que de esta manera se acabarían todas sus penurias. Seguro.

El comité del SETI tenía previsto reunirse en breve coincidiendo con el inminente Congreso Internacional de Registro de Comunicaciones Orbitales (CIRCO) y ambos pensaban que sería una extraordinaria oportunidad para presentar resultados inesperados y así conseguir la financiación para el ansiado FAST[4].

No. Evidentemente esta vez no iba a ser suficiente con la cinta americana y el FAST debería esperar hasta Dios sabe cuándo. Adiós al ansiado sueño de fijar la vista en ese punto del universo que en la constelación de Andevamosyán, a 95 millones de años luz, emitía esa extraña señal de radio tan prometedora. Y las chilenas llevaban ventaja.

[4] Five hundred meter Aperture Spherical Telescope.

Fue hasta su coche y cogió una llave inglesa y un destornillador reversible. Estaba decidido a solucionar el problema por sí mismo y sin esperar a esos repuestos que nunca llegaban.

Recortó con sumo cuidado los bordes superior e inferior de la lata de Coca-Cola. Agujereó, con la ayuda de una broca del cinco, los tres puntos marcados con rotulador y comprobó que encajan perfectamente en los tornillos dispuestos en el receptáculo del interferómetro. De esta forma sustituyó la cápsula cilíndrica de titanio y oro original. Apretó cuidadosamente las tres tuercas acopladas a los tornillos con la llave inglesa y cerró la tapa principal con el destornillador.

Hizo coincidir la orientación del aparato usando las marcas que previamente había dibujado con el rotulador y le dio una palmadita como diciendo ¡Ay es nada! Pero en ruso.

Fue caminando lentamente hasta su despacho y se sentó frente al complejísimo sistema informático que controlaba el radio telescopio. Pulsó la tecla "Ha". Se sobresaltó. En el monitor acababa de aparecer una señal de longitud de onda de 2,7 cm y una amplitud estimada de 750 mJy, que parecía provenir de...

— ¿Brill? Soy Al.

—Hombre "товарищ". ¿Qué tal por el Cáucaso?

—Un frío de cojones. Que acabo de detectar una señal que apunta a una civilización Tipo II en la escala de Kardashov[5].

---

[5]Método propuesto en 1964 por Nikolài Kardasov para medir el grado de evolución tecnológica

—Bueno... ya se sabe, en esta época del año... ¡Eh! ¿Qué has dicho?
—Tipo II.
—Imposible.
—Sí.
—No.
—Que sí.
—Pero... eso es... es... como 10^{26} W[6].
—Más o menos.
— ¿Me dices que...?
—Te digo.
—Asombroso, increíble, magnífico, excepcional...
—Espera.
—...sublime... ¿sí?
—Que la señal no viene de fuera, que es de casa.
— ¿Cómo que de casa? ¿De nuestra galaxia?
— Nye.
— ¿De nuestro sistema solar?
—Nye.
—Glups... ¿de dónde?
—De la Tierra.
— ¡Vamos "товарищ"!
—Lo que te digo y más concretamente de la Península Ibérica.

---

de una civilización.
[6]El Sol emite aproximadamente 3,86 x 10^{26} W.

— ¡Vamos "товарищ"!

—Sí, eso es lo que debemos hacer. Ir a ver qué es lo que está generando esa emisión sin precedentes de energía. ¡Ah!, y saber por qué no estamos todos achicharrados.

—Dame las coordenadas exactas.

—Toma nota: 43,375124230; -4,471199512

— ¿Qué es ese sitio?

—Un criadero de peces.

— ¡No me jodas!

—Pero parece un reactor de antimateria.

— ¿Pero si eso no es posible?

— Pues parece que alguien lo está consiguiendo y no creo que sea con unas baterías de coche usadas.

Tras dos intensas semanas de revisión de los cálculos, análisis de las diversas gráficas e intercambio de archivos con las dos astrofísicas de ALMA[7], llegaron a la conclusión que los datos eran correctos y que, efectivamente, la señal se correspondía con la que venían observando desde hacía meses del HD164595, pero a 95 millones de años luz y no a unos cuantos miles de kilómetros terrestres.

Tremendamente sorprendidas por el hecho que el pequeño interferómetro de Hueleachamuskaya hubiese sido capaz de registrar esas señales cuando ellas, que contaban con 66 antenas, ni las olieron, decidieron que lo mejor sería desplazarse los cuatro al punto de emisión.

---

[7]Interferómetro situado en el desierto de Atacama, Chile.

-El Sr. Brill Ante viene acompañado del Sr. Al Ienov de Huelea…, cha... y por las Sras. Estela Fugaz y Blanca Luz de Atacama. Dicen que sus aparatos detectan una emisión de energía sin precedentes de aquí procedente. Que si les puede iluminar al respecto, Ramón.

— ¡Uy!

— ¿Qué?

— Que igual me he pasado un poco. Pero me dijeron que el producto estaba caducado y que podía usar lo que quisiera.

— ¿Usar qué?

—La comida líquida para los peces del japonés.

— ¿Para qué?

—Para cebar las baterías.

— ¿Qué comida líquida? ¿Qué baterías?

—Las que he montado para solucionar el problema de las comunicaciones. Funciona de coña ¿eh?

—Pero... ¿cómo se llama eso?

—Stars soup.

Los peces no se tiran pedos

En la puerta del Ayuntamiento la comisión de vecinos que lideraba el proyecto de adhesión a la Red de Municipios Ante el Cambio Climático, con el alcalde a la cabeza, esperaba la llegada de la auditora danesa que debía certificar el cumplimiento de los requisitos para formar parte de la Red Europea de Municipios. Superar la auditoría medioambiental tenía como premio, además del acceso a un nivel superior de compromiso social, una considerable subvención económica. No es que fuera esto último lo más importante pero las ayudas nunca venían mal.

Astrid Henthe llevaba más de quince años dedicándose a certificar que los pueblos de la REM cumplían con las políticas de sostenibilidad encaminadas a gestionar adecuadamente actuaciones para reducir el impacto en el cambio climático. En este tiempo de análisis pormenorizado había sido capaz de desarrollar un sexto sentido que a ella le gustaba definir como *CO_2ociológico* y que le permitía atisbar, con una finura de sabueso, los imperceptibles anacronismos ambientales que no se explican pero que están.

Este sentimiento anacrónico se le manifestó al ver a las cerca de treinta personas que la esperaban en la puerta del Ayuntamiento. Había indicado claramente que debía contar con un reducido número, máximo cuatro, de representantes para que bastase con un solo vehículo, híbrido, con el que desplazarse por la vecindad. De inmediato se sintió avergonzada por ese pensamiento inapropiado y lo apriorístico de su prejuicio. El pueblo apenas contaba con quinientos habitantes y como la mayoría de los municipios similares estaba conformado por una sola calle principal de las que partían ramales de escasa longitud.

El hecho que la comisión en pleno estuviese esperándola era síntoma del compromiso y la expectación que se generaba ante un momento de tanto peso histórico. Precisamente por eso se sentía incomoda con los resultados del análisis que su grupo de expertos había realizado y sobre todo con la forma en la que debía explicar el porqué de ese resultado.

Se apeó del taxi, híbrido, que la había ido a buscar a la estación de tren más próxima. Siempre que podía jamás viajaba en avión. Saludó a una señora que le ofreció un vaso de leche. Curiosa recepción, pensó. Bueno, en realidad no tanto si se tenía en cuenta que la principal actividad económica del pueblo y de todos los pueblos cercanos, era la explotación ganadera del vacuno de leche. Las mil quinientas cabezas censadas, tres por cada habitante, eran la máxima expresión de orgullo del pueblo y al tiempo el principal inconveniente para su inscripción en la REM.

Cogió el vaso de leche, se lo bebió de un trago, disfrutó de ese sabor característico de la leche entera y recién ordeñada y se lo devolvió dándole las gracias. De inmediato, otra señora le puso delante una bandeja con unos bizcochos relucientes y de aspecto sabrosísimo. Los conocía, sabía que se hacían con mantequilla, y probó. Hum, excelentes. Simples y deliciosamente esponjosos, le recordaron de inmediato a las *vaniljekranse* de su abuela.

Alargó el brazo para coger otro trozo, la verdad es que tenía hambre, pero surgió de su derecha otra bandeja con diversos tipos de queso. Uno en especial le llamó la atención y se aventuró a probarlo. Su cara se transmutó, no tenía nada que ver con su queso azul, suave y poco salado, aquel queso era una bomba de sabores y aromas. Preguntó el nombre, Picón le dijeron. Pidió de inmediato otro vaso de leche. Persistía en su paladar el recuerdo del queso que no la abandonaría por días.

Cumplidas las presentaciones entraron al Ayuntamiento y se dirigieron a la sala de juntas. Le acercaron el plato con los quesos. Sonrió y llevándose la mano a su panza e inflando los mofletes hizo el gesto de estar llena. No era especialmente menuda, más bien al contrario, por lo que no fue bien entendido por los anfitriones.

Abrió su mochila y extrajo un portafolio. Lo colocó en la mesa. La gente, expectante, la miraba. Tragó saliva y un pedazo de queso que se le había quedado escondido se desprendió de entre sus dientes y acompañó al bolo. ¡Breeup!

—Los últimos datos que disponemos indican que, por primera vez desde que registramos el CO_2 en la atmósfera mundial, acabamos de superar los 400 ppm. Es cierto que en algún momento y de forma muy puntual y localizada se había medido esta concentración, pero nunca a nivel global cuando.

Las personas sentadas alrededor de la mesa se miraron unas a otras espantadas.

—Hace unos 10 años apenas si se llegaba a los 380 ppm, por lo que tomando esta referencia como punto de partida es lo que establecemos como límite máximo de medida atmosférica para cumplir con los requisitos de pertenencia a la REM.

Las personas sentadas alrededor de la mesa se miraron unas a otras horrorizadas.

—Ustedes y su municipio cumple con casi todos los requisitos solicitados, movilidad, energía y edificación y planificación urbana son de los mejores que hemos visto y pueden servir de muestra a muchos que quieran acceder a este reconocimiento, siendo ejemplo de las cosas bien hechas, pero...

Las personas sentadas alrededor de la mesa se miraron unas a otras asustadas.

—...las emisiones y los residuos procedentes de...

Las personas sentadas alrededor de la mesa miraron todas a la auditora sorprendidas.

—... sus vacas son insostenibles.

Las personas sentadas alrededor de la mesa miraron a la auditora, pero ahora no había espanto, ni horror, ni miedo. El espanto, el horror y el miedo empezaba a sentirlo la auditora.

—Sus vacas producen al año más de 800 litros de metano cada una y lo que es peor, cada vez más contribuyen a incrementar el efecto invernadero.

Las personas sentadas alrededor de la mesa dejaron de mirar a la auditora y elevaron sus ojos para ver si era cierto lo que les estaba diciendo.

—Deben, por tanto, cambiar la dieta de sus vacas para que no produzcan tantas flatulencias. Les damos seis meses. Volveremos para ver si efectivamente se han reducido y siendo así no habrá problema alguno para otorgarles la acreditación. ¿Preguntas?

— ¿Qué comen sus vacas? En Dinamarca, digo. Preguntó José Treto sintiéndose especialmente afectado al ser propietario de doscientas vacas y viendo como las personas sentadas alrededor de la mesa lo miraban ahora a él.

—Principalmente hierba de los frondosos pastos que…

—Como aquí, pues.

—… sí, claro, pero…

— ¿Entonces?

—… cada vez tenemos menos vacas.

—Como aquí. Luego… tal vez… haya algo más que las vacas para explicar la subida de los niveles de CO_2 en la atmósfera, ¿no cree? Tal vez… ¿coches, aviones, fábricas, …?

—Sí, claro, claro.

—En este pueblo no hay fábricas, coches más bien pocos y cómo ve hasta nuestros taxistas tienen motores con vehículos híbridos. Aquí solo tenemos vacas y cada vez menos.

Las personas sentadas alrededor de la mesa dejaron de mirarse unas a otras.

—Pues vaya sí que tenemos un problema, dijo Genio mientras descargaba el pito doble con estruendo sobre la mesa, con lo de las vacas digo, que no sé yo qué coño les vamos a dar de comer…

—Venga Genio no seas estúpido, que esta gente no tiene ni idea, dijo Sebio entrando con pito-seis por la derecha y con todavía más estruendo que su compañero.

— ¿Treto?, pregunta Taquio.

—Sí, responde Treto.

—Tu hermano Losio, sigue Taquio, el que trabaja en la piscifactoría ¿qué le da de comer a los peces? Allí siempre huele de maravilla. Que una vez que fui, cuando lo de las puertas abiertas, el olor a mar era lo que más me llamó la atención y mira que allí había peces, eh. ¿Los peces se tiran pedos? Clac. Seis-blanca y cierro.

Realmente fue sorprendente que varios responsables de la comisión que estaba encargada de velar por la gestión ambiental viniesen a reunirse con nosotros, interesándose especialmente por lo que les dábamos de comer a los peces y, sobre todo, todavía más extrañamente, interesados en conocer si los peces tenían problemas con los gases.

Les explicamos, efectivamente, que con los gases teníamos muchos problemas y que solía ser unos de los temas que más quebraderos de cabeza nos daba, sobre todo cuando alguna bomba no funcionaba adecuadamente y nos provocaba problemas graves en los peces. Su cara de asombro, a medida que les aclarábamos los efectos que producían los gases y las dificultades respiratorias asociadas en entornos de difícil gestión como eran los tanques, indicaba que no íbamos en la dirección que tal vez necesitasen.

—No. No con esos gases. Queremos saber si tienen problemas con los pedos. Que, si los peces se tiran pedos, vamos.

—Pues, no sé, probablemente... tal vez... no, no creo. ¿Por qué?

—Por las vacas.

—Ah, ya. Ya hemos oído lo de la auditoría. Creo que lo que buscan es cómo reducir la producción de metano, ¿cierto?

—Cierto, eso es. Que dicen que los pedos que se tiran son muy contaminantes.

—Esto... podríamos probar con algas.

— ¿Algas?

—Microalgas, en realidad.

— ¿Cómo?

—Pues creo que podríamos añadir algunos gramos de forma concentrada al agua y hacer que de esta manera se reduzca la emisión de gases. Ciertas algas contienen bromoformo que reacciona con la vitamina B12 en el último paso de la digestión y altera las enzimas utilizadas por las bacterias intestinales para producir metano. De esta forma...

— ¡Paaaraa! ¿Qué le podemos dar ese mejunje verde a nuestras vacas y de esa manera dejarán de tirarse pedos?

—Bueno, en verdad tal y como está no. Es demasiado salado y no lo tolerarían. Seguro que les provocaría problemas intestinales y a los pedos añadiríamos una diarrea considerable. Sin embargo...

— ¿Qué?

—Que podemos utilizar el concentrador WESFA de ACME y separar el agua concentrando las células en una pasta densa como si de una papilla se tratase y...

— ¿Qué?

—Que podemos añadir esta pasta al agua dulce del abrevadero o incluso dársela una a una como si fuera un jarabe para la tos. Aunque...

— ¿Qué?

—No sé si realmente tendrá efecto porque al tener las vacas una estructura digestiva tan compleja y las vueltas que da el alimento después de rumiar es posible...

— ¿Qué? Coño sigue que me vas a matar de la ansiedad.

—Que tengamos efectos secundarios imprevistos.

— ¿Qué efectos secundarios imprevistos?

Treto acudió al Concurso Internacional de Productos Lácteos Innovadores con su vaca Cachorra. Iba acompañado de una nueva línea de mantequilla, quesadas y sobaos. Al lado una botella de leche recién ordeñada. Todo el mundo quería conocer a la vaca que daba leche color verde amarillo y que no se tiraba pedos.

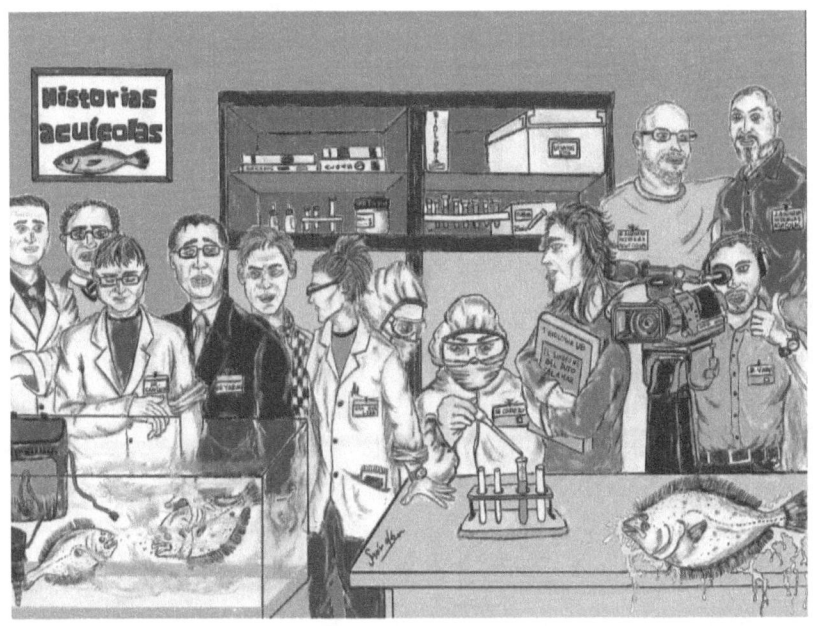

La confortable vida del lenguado senegalés

—Vamos mal. No avanzamos. Estos animales se han empeñado en dejarnos en entredicho. Puñeteros machos. Son unos perezosos, porque mira que estas lenguadas están como un tren. ¿Qué es lo que quieren? Ya no podemos hacer más, que hasta tienen televisión por cable. No, si todavía acabaremos haciéndoles un corrito con arena y les pondremos luces como en una feria. Sólo nos falta pajearlos.

Veinticinco años llevaba la Dra. Eva Lira estudiando el comportamiento y el cortejo del lenguado senegalés. Casi diez tesis doctorales, digo casi ya por que la décima estaba a punto de ser leída, dirigidas ilustran con claridad la pasión y dedicación que le había puesto a esta especie tan característica. Esta, digamos, obsesión la había llevado a ser la autoridad mundial más respetada en su ámbito.

No había artículo, tesis, artículo, comentario o aproximación filosófica que soportara una revisión suya y saliera indemne. No, no la había... hasta que apareció aquel niñato imberbe con sus cámaras de infrarrojos y las cintas de vídeo grabación y le dio por filmar a los animales haciendo sus cosas. El pornógrafo, como ella solía referirse al Licenciado I. Varra, su doctorando, estaba a punto de cambiar totalmente sus teorías y lo peor es que parecía tener toda la razón.

Acababa de ver en una grabación, una y otra vez, como ese puñetero macho había decidido levantarse, perseguir y acercarse a la hembra, dar con ella varias vueltas al estanque, juntarse al máximo, agitar fuertemente su aleta caudal, conseguir que la hembra expulsara huevos y fecundarlos. Se quitó las gafas, se frotó los ojos, ajustó la visión a la pequeña pantalla y le dijo: "Ponlo otra vez, Varra". Era la decimoquinta vez que lo veían conjuntamente y eran conscientes de que algo se les escapaba, pero no conseguían adivinar qué.

—Yo creo que lo que hace es mearse en sus narices, le dijo el Licenciado Varra.

— ¿Cómo? Preguntó la Dra. Lira. Eso son tonterías. Ya sabemos que las prostaglandinas F2α actúan como feromonas en los peces y que la incentivación del comportamiento social y la atracción sexual es debido a que estas moléculas impulsan las señales de atracción, pero de ahí a que...

—Que digo yo... que se ve claro. Que lo que hace esa hembra es mearse en las narices de ese macho. Mire que se lo pongo de nuevo, fíjese en el momento en el que pasa por su lado, dijo Varra señalando con el dedo y parando la imagen en un frame en la que se observaba una nube opaca.

—Desde luego lo parece y ahora que recuerdo, hay un artículo reciente, de un tal Yabuki, que relaciona la presencia de determinados receptores nasales con actividad en el bulbo olfatorio y que sólo se produce cuando los machos disponen de un tipo específico de receptor para las prostaglandinas y...

—Mire, mire... otra vez. Ha vuelto a hacer lo mismo, pero esta vez frente a ese otro macho y éste ni se ha movido.

—...que corresponde directamente con un gen que...

—¿Es que está ciega? Uy, perdón. Doctora Lira, si es que nos está dando la clave.

—...es la clave en la transmisión de la información para el estímulo de la actividad reproductora en los machos. ¿Dime Varra?

—Eso mismo Doctora. Pero, ¿cómo lo demostramos? Deberíamos saber si estos animales son capaces de oler la orina, si disponen de los receptores, o si disponen, pero no se les estimulan, o si son estimulados, pero carecen de anomalías en la transmisión de las señales, o si tal vez...

—Varra, ¿no somos científicos? Pues apliquemos metodología científica.

— ¿Doctora?

—Que vamos a observar la respuesta del bulbo olfatorio a través de un EOG mediante la activación de los receptores sensoriales situados en las fosas nasales de los machos.

— ¿Doctora?

—Y que vamos a demostrar que los que ni se inmutan es porque carecen de estos receptores olfatorios.

— ¿Doctora?

—Y que los que sí, pues que sí, que los tienen y que vamos a hacer que el glomérulo ventromedial del bulbo olfatorio se ilumine en el cerebro de estos bichos como si estuviésemos viendo fuegos artificiales.

— ¿Doctora?

—Para ya Varra, que pesadito te pones interrumpiéndome.

—Perdón Doctora, que es la hora del café. Luego seguimos ¿vale?

Ay, cada vez es más difícil encontrar vocación, pensó la Doctora Eva Lira, mientras se dirigía al comedor para, claro, echar un cafecito, que era la hora. Seguía dando vueltas a cómo conseguir la respuesta que ansiaba y cómo hacer posible que el estímulo llegase exactamente al macho que ella quería y en el momento deseado.

Los peces estaban en un tanque comunal de veinticinco metros cúbicos, era casi imposible obtener una respuesta única. Era evidente que tendría que sacrificar a más de uno y hacerlo de forma individual fuera del agua, pero cómo.

—Atchiss, atchiss, atchissshhhh... Uf, maldita alergia, dijo uno de los becarios que camino del comedor se cruzó con la Doctora Lira.

—Salud. Estás sangrando por la nariz considerablemente, ten un pañuelo.

—Gracias. En este tiempo y con tanto alérgeno en el aire ni las cauterizaciones de las venas me aguantaran. Ya me veo otra vez con los cables al rojo vivo metidos en las narices ¡qué sufrimiento! Tengo los cornetes hipertrofiados y no hay manera.

—¿Cómo? ¿Qué es lo que dices que te hacen?

—Estuve una temporada probando con Viagra y la verdad es que funcionaba, aunque algunos efectos secundarios eran bastante comprometedores.

—Ya, lo imagino.

—Sin embargo, ahora con la radiofrecuencia y el láser es mucho más sencillo. También me han dicho que el electrocauterio y la criocirugía funcionan, pero yo no lo he probado que dicen que dura poco y acabas sin oler nada. Aunque también es verdad que no se presentan los efectos secundarios de la Viagra y eso, creas que no, ayuda.

—Sin duda. Oye y... ¿cómo lo hacen?

—Basta con anestesia local. Primero una rinoscopia para ver cómo están los cornetes y luego me enchufan un par de cables. Noto un cosquilleo que me llega al cerebro y por momentos me pasa lo mismo que con la Viagra, pero apenas unos segundos, eh. Luego del chisporroteo en quince minutos estoy como nuevo. Eso sí, durante varios días se me quedan las narices como un pimiento y de vez en cuando un cosquilleo en los bajos... Doctora ¿a dónde va tan corriendo?

La Doctora Lira salió en estampida en busca de Varra. Tenía una idea. Empezaron por recolectar toda la orina que pudieron de las diferentes hembras de lenguado. Consiguieron, a base de aspirar con una jeringuilla y directamente del gonoporo, casi veinte mililitros de las treinta hembras disponibles. Una buena meada. Apartaron una cantidad de cada extracción para preparar un superconcentrado especial, aquel que provenía de las hembras que estaban en un estado de madurez más avanzado. Tras un proceso de filtración y síntesis disponían del más puro efluvio de orina de lenguado que pudiera conseguirse.

Ahora necesitaba poder realizar un EOG a los lenguados.

—¿Un EOG? ¿Tú estás loca? ¿Cómo vas a conseguir meterle unos cables a un lenguado por la nariz en el agua y que se esté quieto mientras le das un chute de concentrado de orina?

El que preguntaba era su colega y antiguo tutor, la persona que la había inducido a dedicarse, con esa vocación casi maniática, a la reproducción del lenguado, el Doctor Candun.

—No quedará más remedio que hacerlo fuera del agua. Los anestesiaremos y habrá que levantar la tapa de los sesos a más de uno, que es que tienen muy escondidos los receptores olfativos. Ya, habrá que hacer algún que otro sacrificio, pero...

—¿Pero?

—...pero valdrá la pena. Luego les conectaremos los cables a los receptores y les aplicaremos unas gotas de orina. Que ya la hemos probado con otros machos y se ponen como motos. Este elixir funciona, seguro. Y si no lo hace es porque los machos son inútiles.

—Varra, ¿Tú cómo lo ves? Preguntó el Doctor Candun.

—Yo, a través del vídeo, de coña.

—Por Dios, que perra tiene este chico. Que qué te parece el acercamiento.

—Ah, tal vez con un teleobjetivo enfocado al área de inserción de los cables consigamos una imagen nítida de cómo...

—Vale. Dios que cruz.

—Conozco a un colega de Portugal que...

—¿Le llamas que me voy a ver cómo lo hace?

—Le llamo.

—Ay, ay, ayayay. Qué olvido, che. Dijo de pronto la Doctora Lira manifestando cierta forma local efecto de su genética raigambre.

—¿Qué? Preguntó el Doctor Candun.

-Que no me acordé de José Pedro y mira que le va la caña.

—-Bah, te lo dije. Te va a quedar manchado el expediente, pero ahora estemos a lo que importa. Apostilló Varra ajustando el objetivo sobre el benjamín de los lenguados.

El día del ensayo había una expectación mayúscula en el laboratorio. Los estudiantes en prácticas hacían corrillo alrededor de la mesa dispuesta a modo de dispensario de un veterinario. Seis profesores venidos de cuatro departamentos de fisiología de diferentes universidades debatían sobre el punto exacto para colocar el cable y que tuviera validez significativa.

Tres ingenieros en telecomunicaciones se afanaban por conectar los sensores a la máquina de EOG. Dos anestesistas preparaban la bañera de agua tibia con el aceite de clavo en la que se iban a sumergir a los machos seleccionados. A su lado, un experto en reanimaciones y que contaba con un electroestimulador miraba asombrado como dos becarias resuspendían las muestras de la orina concentrada para alcanzar la dosis exacta. También las miraba por otras cosas y se le iban los ojos mientras la máquina informaba de cierta actividad.

Un experto en resonancia magnética funcional que estudiaba la respuesta olfatométrica y que había pedido participar para validar su técnica, ajustaba su equipo. Tres investigadores canadienses que llevaban seis años estudiando el efecto que determinados tóxicos contaminantes provocaban en la capacidad olfativa de los salmones, preparaban viales para recoger muestras de todo lo que pudieran.

El comité de ética, compuesto por cinco personas, anotaba con precisión suiza todas y cada una de las actividades que se sucedían. Dos personas, ajenas a todo ese barullo, preparaban un catering con café, leche, té, zumo y pastas por si acaso se alargaba en exceso y era necesario reponer fuerzas. Su mesa era la más solicitada y eso que todavía no había empezado el experimento. Había empujones.

El Doctor Candun miraba una y otra vez las gráficas procedentes de la tesis de Cerezo, que también vino, no fuera que se malinterpretaran sus resultados. Varra limpiaba el objetivo de su cámara de vídeo y probaba el enfoque.

En cuanto apareció la Doctora Eva Lira y se hizo un silencio sepulcral. Miró a su alrededor acongojada por la expectación levantada y, suspirando, se dirigió hacia el espacio habilitado para la operación. Miró al Doctor Yabuki que había venido expresamente desde Japón para presenciar el acontecimiento. Miró al Doctor Candun que asintió indicándole que todo estaba bajo control, aunque algo nervioso, como si faltara algo o alguien. Miró al Licenciado Varra que le hizo un gesto alzando el pulgar mientras apretaba el REC de la cámara.

Justo cuando iba a indicar algo sonó su celular. Qué inoportuno, pensó. Pero el número internacional le era tremendamente familiar. Correspondía al número del Dr. Peter

Hubeog, su mentor en la técnica del electroolfatograma, el mejor fisiólogo internacional, la persona que le había enseñado cómo ajustar los parámetros y las cantidades de orina para que no hubiera individuo que pudiera abstraerse de los efluvios incitadores del comportamiento copulatorio. Este era el motivo de la ansiedad y nerviosismo manifestado por el Doctor Candun.

—Dime Peter

—¿Eva?

—Sí, soy yo, ya lo sabes, ¿Qué pasa? ¿Cómo es que no estás aquí? No te puedes ni hacer una idea de cómo está esto. Que tienes a Candun atacado de los nervios. Que ya sabes que sin ti...

—*Eva, gue no buedo. Gue ezdoy dezbriado. Gue no ziendo la nadiz. Gue dengo un drancazo que eztoy a bundo de bederme dendro la nadiz los bieros ezoz. Gue be hazen balbaz laz aletaz. Gue ze be gae el boguillo. Gue...*

—Ay, Dios mío. ¡Qué hombres!

Colgó brusca y contrariada.

Respiró profundamente y señalando uno de los peces, que paciente y tranquilo esperaba en el depósito eugenólico, hizo un gesto al becario con la nariz como un pimiento, al que había acogido como meritorio, para que le sacara un precioso macho del tanque.

En ese mismo instante se acabó la confortable vida del lenguado senegalés.

El mejor amigo de Serafín

Dejó caer con suavidad la pierna izquierda sobre el bordillo. El pie se encajó en el hueco exacto que apenas unos segundos antes había sido dejado por su mano izquierda, que ahora se alzaba quedando suspendida en el aire, etérea, unos centímetros más adelante. Se quedó clavado, inmóvil, sin un solo músculo relajado, era pura tensión, el nivel de adrenalina disparado, la piel erizada. Pasaron unos segundos y la mano izquierda se apoyó sobre el suelo mientras la pierna derecha se levantaba lentamente, suavemente.

El espectáculo ante sus ojos adaptados a la penumbra era tentador, casi no podía contenerse. Su instinto le pedía a gritos lanzarse al agua y atrapar alguna de las apetitosas doradas que nadaban como locas en el tanque. Percibía que su presencia las alteraba y este hecho provocaba que nadasen muy rápido, frenéticas, con un punto de peligrosidad que las hacía inalcanzables, además, eran demasiado grandes para su tamaño. Esta situación se venía repitiendo noche tras noche durante las últimas dos semanas.

Esa noche iba a ser diferente.

Nada más llegar y cambiarse, sin apenas decir buenos días a sus compañeros, Ramón fue directo al tanque de reproductores, sabía que algo pasaba con este lote y estaba francamente preocupado. Apenas hacía un mes que había empezado su período de puestas y estaban comportándose de maravilla, sin problemas, hasta que de repente habían dejado de poner, hacía ahora ocho días. No dio crédito a lo que vio al abrir la puerta, todos los peces estaban muertos. Atónito miró a un lado y a otro como esperando encontrar una respuesta, pero estaba solo. Se oía el dulce caer del agua en la superficie, monótona y tranquila. Había un silencio extraño, era el silencio de la muerte. La sonda marcaba 100% de saturación en la pantalla del controlador. Ni siquiera había pasado el tiempo suficiente como para que la alarma sonase.

Todo era muy reciente.

Estalló la revolución. Llamadas, un par de gritos, carreras arriba y abajo, aglomeración de personas, reuniones de urgencia, revisiones, análisis de los registros, documentación para el seguro, trastornos y más trastornos, pero lo peor era el efecto en la producción y el daño irreparable de un stock que había costado más de cinco años tenerlo operativo.

Pasadas las primeras horas, hechas las fotografías de rigor y recogidas todas las muestras necesarias, como marcaba el protocolo, tocaba el vaciado del tanque, la recogida de los peces muertos y un adecuado almacenamiento que posibilitase posteriores análisis o atender a las solicitudes del seguro, si fuera el caso.

Una vez acomodadas adecuadamente en cajas con hielo en la cámara de frío, Ramón, volvió a ocuparse del tanque y decidió que lo mejor era empezar a limpiar por la parte de atrás del estanque, la más complicada y por tanto la que más trabajo tenía. Por allí pasaban las tuberías y estaban las válvulas de entrada de agua, era una zona estrecha y complicada. Avanzó con cautela para no tropezar y evitar hacerse daño.

Miró al suelo, algo le llamó la atención.

Había una dorada muerta, medio escondida entre la parte posterior de las tuberías y la pared y... estaba a medio comer. Sangraba todavía. Observó que le faltaban los ojos y una buena parte de la zona ventral. No quedaban apenas vísceras. Inmediatamente dio la alarma. Al poco el EIR con su EEI (¿se acuerdan de Portugal?) estaba en el lugar examinando los detalles.

Las primeras evidencias apuntaban a que algo extraño había sucedido, era más que evidente (era de cajón), y que posiblemente tenía que ver con agentes externos. ¡Hurra, qué equipazo! Hummm. El caso daba un giro completo y volvía a estar dónde empezó.

Se descartó, por razones obvias, que el móvil fuese el robo y que los causantes fuesen organismos de dos patas. No hubo que hacer un gran esfuerzo en llegar a esa conclusión, sobre todo por la cantidad de pelos que, alrededor de la dorada muerta, había.

A no ser que hubiera humanos hibridados con determinados organismos causantes de tales tipos de pelos todo apuntaba a que no parecían del género homo. El asunto era realmente complejo y las evidencias que teníamos, es decir pocas, indicaban que la solución no iba a ser fácil. Tal vez el equipo requeriría de algunos expertos auxiliares.

Recogimos el cuerpo del delito, vamos el cuerpo inerte de la dorada. La mejor de las definiciones aplicables en ese momento al pez era la de pescado, pescado muerto, y ya se sabe cómo huele.

Evidentemente el asunto olía mal.

Con el cuerpo del delito presente en forma de pescado fuimos directos al laboratorio. Lo primero que hicimos fue recoger cuidadosamente los pelos que había alrededor de la zona ventral y colocarlos bajo la lupa binocular. Todo y que nuestro EIR disponía de unas considerables capacidades que incluso podría decirse que iban más allá de lo extrasensorial, resultaba evidente que no había, entre nosotros, ningún experto en análisis comparativo de pelos y vellosidades.

Ya, pero como tontos no éramos, cogimos una muestra significativa de pelo de los presentes, de ambos sexos, ya que, aunque hemos dicho que no parecían de nuestro género, tampoco es que lo tuviésemos muy claro. Bajo la lupa y ante la comparación tan extensa de material recolectado llegamos a la conclusión que aquello no era humano, no de una persona humana, vamos que no era de una persona. Humana, no.

El primero en hablar fue Treto. Había visto aquel pelaje y dijo estar convencido que aquellos pelos pertenecían a una nutria. Ángel inmediatamente recordó un suceso similar. Dijo que años atrás se habían producido un par de casos parecidos.

Varias nutrias habían conseguido entrar en la instalación por la parte de atrás, la que daba casi al lado de la entrada de los tanques en los que ahora se había producido el suceso. De pronto calló, puso cara de pensar con dificultad y tras unos segundos dijo que realmente no recordaba muy bien si había sido una nutria o…

¿Nutria? Ramón, que se acordaba perfectamente de aquel suceso, dijo, no hombre, ¿no te acuerdas que sellamos todas las entradas? Lo hizo Tou, ¿eh, Tou? Acordaros que discutimos bastante tiempo sobre ello, pero como hacía más de cinco años que nadie había visto una nutria por los alrededores llegamos a la conclusión que lo más probable es que fuese una comadreja y esto apunta a que es lo mismo.

¿Comadreja? Pero si las comadrejas son pequeñas, muy pequeñas, dijo Inma, entrar sí que podría claro, pero mira los mordiscos. No, eso tiene que ser un bicho más grande, estoy convencida que es un tejón.

¿Tejón? Preguntó Pepe. Que yo recuerde y llevo cincuenta y cuatro años por aquí, de tejones nada. Los pelos que hemos recogido son grises oscuros, los del tejón son negro azabache, estos son duros pero finos y flexibles, los del tejón son púas. No me cabe ninguna duda, este es de visón.

¿Visón? Pero qué visón, ni qué visón. No digas tonterías. Se escaparon ocho mal contados de la granja del pueblo de al lado y al poco Treto ya los había liquidado todos, ¿te acuerdas? Preguntó Luís a Treto, que medio ruborizado afirmaba. Si queda alguno debe estar en el Zoo de Cantillana. Esto es de una rata como una casa.

¿Rata? Anda ya, dijo Teresa un tanto ofendida ya que era la responsable de calidad y del seguimiento del control de plagas. Imposible, bueno alguna puede haber, claro, pero pequeña y de campo. Desde que empezamos el programa de control de plagas no se ha vuelto a ver ni una. Es imposible, bueno imposible, imposible, no, pero... Además, son pelos largos y los de las ratas son cortos. No hay duda que estos pelos son de...

Era más que evidente que cada uno de los presentes iba a tener una opinión y casi con toda seguridad a cada nuevo que invitásemos al reconocimiento iba a proponer una nueva especie. El muestrario de dónde tirar era considerable y de seguir así cabía la posibilidad que acabásemos asignando aquellos pelos a algunas de las especies extinguidas durante el pleistoceno, que efectivamente se sabe que fue una época especialmente mala para la zona en la que nos encontrábamos, así lo acreditaban los restos encontrados en muchas de las cuevas prehistóricas que en los alrededores existen y que son de una fama considerable.

La discusión aumentaba en intensidad y las hipótesis más disparatadas se seguían una a otra. Para evitar que aquello acabase en un sin sentido, que ya prácticamente lo era, decidimos iniciar dos pesquisas. Un grupo iba a encargarse de revisar todos y cada uno de los recovecos de la planta para intentar encontrar el punto negro, el fatídico agujero por donde se había podido colar nuestro enigmático intruso. El otro grupo iba a ir a visitar el museo de la naturaleza de un pueblo cercano con una muestra de pelo y ver a qué posible pequeño mamífero se parecía más.

No hubo suerte, tampoco era esperable, distinguir unos pelos de otros, a simple vista, en un museo con animales disecados y con varias capas de barniz no era la mejor de las opciones, pero por intentarlo que no quedara. Por cierto, quedaron maravillados del museo, de hecho, no lo conocían y decidieron que ese fin de semana iban a ir con sus hijos y que lo recomendaban mucho.

Bueno pues, mira por donde, finalmente este suceso iba a servir de algo y hasta pudiera ser que contribuyese en el proceso de mejora de la cultura y en el impulso de la conciliación familiar, que después tan de moda se pondría. Además, al lado del museo resultó que había un restaurante que...

El grupo de los expertos seguidores de señales andaba metido entre los recovecos de la planta buscando indicios y evidencias, aunque tampoco fue posible encontrar una zona clara... más clara de los cerca de cincuenta agujeros que se censaron y por los que cualquier animal, más o menos pequeño, no pudiera entrar. Más bien al contrario, aquello era un coladero. ¡Este Tou!

Esto tampoco iba a ayudarnos mucho.

Mientras, el resto, bueno algunos, quiero decir dos, nos habíamos quedado examinando con detalle al pez muerto por si encontrábamos algún nuevo indicio. Viendo que no había nada que extraer decidimos ir a dar un nuevo vistazo alrededor de la zona de autos dotados con una buena linterna, parte de nuestro EEI y una gran dosis de paciencia. Al llegar a la zona de acceso colindante a la piscina algo nos llamó la atención.

Un reguero de pelos podía verse a lo largo del suelo de la repisa de la pared trasera, estos pelos continuaban por la separación que dividía los tanques y aún vimos alguno más suelto justo al lado de la puerta trasera de entrada a la zona común. Era evidente que el criminal había entrado por el pasillo central de la planta y que había accedido a través de la puerta principal, sí, porque allí también encontramos un par de pelos.

Y todos eran iguales.

El grupo de investigación criminalista (GIC), como extensión del EIR y constituido *ad hoc* para la ocasión, montó una reunión de urgencia. Los hechos mostraban algo que nos dejaba atónitos y desconcertados.

Fuese lo que fuese estaba entrando por la puerta principal, se paseaba por el pasillo central, tranquilamente avanzaba hasta la puerta trasera de acceso a la zona de reproductores, se colaba por debajo, caminaba por el pasillo de distribución de las tuberías, pasaba dos cortinas, llegaba al tanque de los reproductores, se subía a la repisa de la pared trasera y... ¿cómo había matado a todas las doradas? ¿Cómo había conseguido sacar una del estanque? ¿Qué diablos era aquel bicho que nos tenía locos?

¿Por qué no llenamos todo el camino de arena y así vemos por dónde pasa realmente y además tendremos sus pisadas? Nos volvimos todos y miramos a quién desde atrás nos observaba. Era Serafín. Genial. Qué idea más soberbia. Magnífico. Manos a la obra.

Dedicamos la tarde a rellenar, con arena fina de playa, el camino que iba desde la puerta de acceso principal hasta la zona de reproductores y continuamos hasta el último de los tanques porque teníamos sospechas, más que fundadas, de que algo similar pudiera llegar a pasar en los lotes colindantes ya que apenas si los separaba una cortina.

Para que la arena compactara la humedecimos con un aplicador de agua en espray con algo de jabón y fuimos poco a poco prensándola para que quedase como una autopista recién asfaltada. La verdad es que quedó bonito.

Todo el esfuerzo tuvo su recompensa al día siguiente. Aquello se parecía al descubrimiento de las pisadas de Laetoli, sólo que no eran de australopitecos y que no eran unas pocas. Había unas cuantas decenas y trazaban un camino de ida y vuelta perfecto. Ni un solo grano de arena derramado, nada de dobles pisadas y con el aspecto de una delicadeza absoluta. Este animal sabía lo que se hacía y conocía perfectamente el camino, de hecho, parecía estar andando por su casa. Desde luego que no era la primera vez.

Ante la sorpresa lo primero que hicimos fue tomar fotos de todo. Documentar con detalle lo que podíamos y sacar un par de moldes de las pisadas. Estos moldes nos sirvieron para poder comparar las huellas y tras su análisis llegamos a la conclusión, inequívoca, que pertenecían a un gato. ¡Gato!, pero si en la planta no hay ningún gato, esto sería como poner el zorro a cuidar a las gallinas.

Serafín tiene un gato, dijo Dani.

Serafín tenía un gato que un día tuvo la mala suerte de tropezarse de madrugada y cuando andaba de camino a su sitio preferido, con el cañón de la escopeta de Pedro Treto apuntándole. En paz descanse con los visones.

El primero de la clase

Hay que ver lo que hace que tu apellido empiece por la letra "A".

Me estaba labrando una gran reputación, sobre todo después del genial *"paper"* que acababa de publicar y que estaba siendo citado sin parar por las principales fuentes académicas del mundillo acuícola y, por qué no decirlo, de la mayoría de revistas de las que se conocen como "literatura gris", o sea que casi todas se hicieron eco y el impacto mediático era tal que poco a poco empecé a necesitar agenda. El artículo hacía mención a la mejora significativa que suponía el uso de las nuevas tecnologías en la producción acuícola. Lo titulé: *"¿Sueñan las doradas de acuicultura con mejillones cultivados?*

No es que fuese original del todo (la verdad es que fusilé el título de un conocido libro de ciencia ficción) pero era bastante efectista y llamaba la atención. Vaya que, sí que la llamaba, lo digo por lo que me llamaban, claro.

La verdad, para ser del todo sincero, es que si rememoro el proceso creativo y de implacable búsqueda científica, aunque he de decir que apenas si dispuse de un par de días para poderlo escribir, porque (y sigo con la sinceridad) lo que me dijeron es que hacía falta relleno en una prestigiosa revista de divulgación científica (dejemos el nombre) y se dio la circunstancia que el editor principal, gran amigo y bebedor, me lo pidió con mucho cariño, *"Lo que sea, que si no me cuelgan"*.

Lo de bebedor lo apunto porque posiblemente debería encontrarse con bastantes gramos de alcohol en sangre y sin apenas riego en el cerebro para tirar de teléfono de una forma tan desesperada. Pero, para bien o para mal, mi apellido empieza por "A" y estoy casi convencido de que fue el primero que apareció en su agenda y como hemos apuntado, no debería estar en condiciones de apuntar mejor, apunto.

También es cierto (sinceridad, ante todo) que, tal cual, nunca me lo dijo, sino más bien al contrario, "que, si sabía de mis extraordinarias dotes, que, si bien al principio dudó, una vez visto el trabajo, las dudas se disiparon, ¡ah! Y que por qué firmaba con ese apellido tan raro que empezaba por "A". ¿Acaso no era yo otra persona que en realidad consideraba...?

Me temo que el tiempo pone a todo el mundo en su lugar y sin duda alguna él está en el que le corresponde, que no es dónde estaba y mientras tanto yo sigo buscando el mío. Pero sigamos.

¿Qué son dos días ante la ingente tarea que tenía por delante? Pues demasiado tiempo. Me sobró un día entero. Disponía de una extraordinaria hemeroteca, principalmente recortes de prensa y revistas más o menos serias que había estado acumulando como quien colecciona cosas carentes de sentido, pero que sin duda lo deben de tener para el coleccionista, que por algo lo es.

Ese día se demostró que efectivamente lo tenía y que sirvieron, y mucho, para hacer una revisión seria y científica, con método, eh, de lo que al respecto de la acuicultura se sabía y se decía.

Evidentemente no podía empezarse un artículo de tanto calado de cualquier forma, así que, qué mejor manera de hacerlo con el tan socorrido:

"Se sabe desde hace tiempo..."

(Ciertamente lo suyo era ponerse a mirar, leer, consultar, confirmar, validar...ejem, toda la documentación, pero eso era un marrón considerable y como que no había tiempo. Bueno había, si, pero ya he dicho que me sobró un día, que no estábamos para otra cosa que, para parchear la necesidad de mi colega, el beodo. Así que decidí, con ayuda del bendito azar, escoger cinco o seis recortes de prensa y escapar de una forma que considero poderosa. Tampoco me molesté en mirar si eran las mejores fuentes).

"… que la acuicultura es de gran importancia tanto desde un punto de vista teórico como practico…"

(Como es un asunto que a mí me interesa un montón, y vivo de ello, la importancia se le suponía. Era evidente que a las demás personas que leyesen el artículo iba a pasarles lo mismo).

"… por lo que una revisión de estas características era más que necesaria y justificada, habida cuenta de la carencia que al respecto existe de información veraz y concluyente".

(Por si quedaba alguna duda, que yo no tenía ninguna, y que seguro se habrían hecho algunas, pero vete tú a saber cómo y de qué manera).

Continuamos dando empaque al artículo para que no quedase duda alguna del tremendo profesional que estaba detrás, aunque fuese como consecuencia de un dedo tembloroso de un editor mamado.

"La ingente información contrastada…"

(Lo que dan de si los cinco recortes de prensa, eso sí, eh, hay que tener arte en eso de alargar y sacar agua de las piedras, que no vale cualquiera).

"…permite demostrar sin lugar a dudas (yo las tengo todas) *lo que es de todos desconocido* (fuera de mi círculo más

cercano es cierto) *y, de esta forma, ayudar a sentar las bases para que los gobiernos puedan tomar las correctas decisiones y adecuarlas a las necesidades de cada uno de los contextos particulares* (ni puta idea, pero quedaba de coña) *minimizando el gasto y maximizando el retorno invertido (pero* qué poco que me pagan, vamos).

No hay artículo válido que no haga un uso apropiado de los números y las cifras para realizar unas gráficas que de chulas no hay ni que mirar que dicen, es que da gusto verlas. Bueno, sí, los hay, pero nadie los considera. Ciertamente (sinceridad, que ya lo hemos dicho) es increíble lo que pueden dar de sí cuatro números bien puestos. Basta con cambiar las columnas por filas y las filas por columnas y hacer la misma gráfica de mil maneras diferentes, tanto que al final no se sabe que si lo que dicen es esto o aquello, que si era cierto o falso, que si sube o baja, ¡ah! y cuando se pone doble eje, es que... Bueno, esto no pasó ya que con el adecuado aderezo explicativo era más que posible salir airoso y sacarle un jugo extraordinario a cada una de las gráficas que, aunque eran lo mismo no lo parecían.

Precisamente por eso, y para adelantarme a las más puristas críticas, utilicé un lenguaje críptico que sólo era entendible por "la comunidad" y que sin duda alguna haría sentirse cómodos a los correctores y consultores, ya que ante su lectura de inmediato identificarían al autor como "uno de los suyos". Porque no hay nada como las citas, eso sí que sí. Cómo nos pone.

"Debemos tener en la más alta de las consideraciones que Fulano y Mengano, dicen que..." (Citados los gurús, ¿qué podía pasar?) *"... argumento sin duda defendido y ampliamente mejorado en los trabajos de Zutano"* (El otro para que no se enfade).

Llegados a este punto, con los principales autores citados y con un despliegue de datos y gráficas calculado tocaba aportar algo novedoso, o al menos decirlo de una manera diferente. Esto, aunque muy socorrido, podía hacer que uno cayese en la presunción. Huir de lo estándar y darse demasiado pábulo puede no estar demasiado bien visto, por lo que mejor contenerse, no vaya a ser que alguna sensibilidad...

Así que después de un par de frases de relleno, continuamos con lo verdaderamente importante.

"Para un análisis detallado, además de las referencias anteriormente citadas, se han seleccionado tres casos..."

(La verdad es que los otros casos es que ni los entendía y para qué mentir, que ya lo he dicho, los tiré directamente a la basura).

"...que acreditan científicamente (esto ya es serio, que sale científicamente) *los resultados del análisis, que corroboran los datos presentes y que se proyectarán, sin duda alguna en posteriores estudios."*

(Bueno, bueno, bueno, esto hay que analizarlo con detalle, que es mucha chicha la que contiene. Veamos. Uno, son los mejores resultados, habrá otros, pero no nos gustan. Dos, corroboran mis datos, luego son los mejores. Tres, no he tenido ganas de trabajarlos con detalle, cuando lo haga y tenga paciencia para trabajar algo más, ya lo demostraré, ya).

A lo largo del artículo, profusamente ilustrado, se alternaban con un acierto extraordinario frases que empezadas con *"se sugiere..., parece ser que..., es posible que..."* dejaban claro y meridiano mi pensamiento y lo que era mi creencia. Esto ayudaba a que lo era sin duda alguna erróneo o desafortunado quedase *"correcto dentro de un orden de magnitud"* y que todo aquello de lo que no me enteraba o que simplemente no entendía fuese debido a que *"se hacía necesaria cierta labor adicional"*, fuese de cosecha propia o no.

"Por lo que cabe esperar que este trabajo de lugar a otros en el mismo campo que contribuyan a..."

(Ya sé que este artículo no es muy bueno, pero es que tampoco lo son los demás en este asunto que carece de total interés).

Nota: El 19 de octubre de 1994 se publicó en la sección de "Sociedad" de El País dentro del apartado "Futuro" el artículo *"Una visión irónica de los artículos científicos"*, en este caso poco o casi nada me he inventado, bueno tal vez alguna cosa, pero es que *"yo... he visto cosas que vosotros no creeríais."*

Pero mira como beben los peces en el rio

Recuerdo una noticia aparecida en la prensa salmón, la económica quiero decir, cuando uno de los grandes monstruos de la acuicultura griega pidió a *"las partes interesadas que actuaran de buena fe"*.

Realmente lo que estaba implorando era (en respuesta a la Comisión Griega del Mercado de Capitales que estaba a punto de meterle un puro por falsificación de cuentas) que la comisión se creyese las auditorías que se habían realizado sobre sus activos biológicos, es decir, sobre los peces que decía tener en sus jaulas. Esto no es baladí, se estaban jugando la credibilidad ante sus principales inversionistas (los bancos) y la renegociación de su deuda, en esos momentos realmente asfixiante. El título del artículo era *"Buscando los peces en las jaulas"*.

La empresa encargada de la realización de la auditoría, de renombre y prestigio, después de lo que se consideró como *"un trabajo profesional y serio"* (y por el que seguramente cobró un pastón) vino a decir que *"en el inventario no se encontraron desviaciones ni pequeñas ni grandes de lo que en los libros había registrado"* y que lo que se decía de la empresa era por tanto *"un bulo y pura especulación"*. Ahí es nada, eso sí que es una auditora "profesional".

Los activos biológicos de una empresa de acuicultura se evalúan a final de año porque hay que presentar su valoración ante diversos entes, tanto internos como externos, que son los encargados de velar por el buen devenir y mejor hacer de las empresas, garantizar el buen uso de los recursos y prevenir "actuaciones indeseables".

Evidentemente, cuanto más a final de año, mejor. Normalmente, las auditorías que incluyen el contaje de los peces de una instalación tipo para poder valorar adecuadamente las existencias, se hacían entre Navidad y Noche Vieja. Era una semana tremenda y de frenética actividad. ¡Coño, como que era Navidad!

Un stock estándar, a fin de año, de una empresa acuícola de tamaño medio dedicada a la producción de alevines de peces podría ser algo del siguiente estilo, pez arriba, pez abajo:

más de siete millones de larvas (hablamos de organismos de entre 2 y 5 milímetros de tamaño). Como la mitad de post-larvas (de unos 5 a 10 milímetros) es decir, unos tres o cuatro millones. Seguramente del orden de dos o tres millones de peces en tamaño de preventa (escasamente de un gramo de peso). Cerca de millón y medio de alevines listos para su venta (entre 2 y 5 gramos) y medio millón de juveniles (alrededor de 10 gramos) pre-engordándose para pedidos especiales.

En total unos quince millones de peces. Millón y medio de euros nadando. Un capital. Un capital en su mayoría invisible al ojo humano.

Para poder certificar, como mandan los cánones, que efectivamente existen y por lo tanto realizar una adecuada valoración, hay que contarlos. Desde luego que no es nada fácil contarlos uno a uno. Ya hemos dicho que las larvas miden apenas varios milímetros, en cada tanque suele haber como medio millón y hay por delante más de cuarenta tanques por contar. Eso solo para empezar.

No, no era fácil, de hecho, era prácticamente imposible, había que utilizar mecanismos indirectos y hacer que los auditores lo aceptasen como acto de fe. Este procedimiento, extremadamente complejo, requería persuasión, convencimiento y confianza. Esto no se conseguía en un día y más cuando los auditores eran diferentes años tras año. No daba tiempo a formarlos. No daba tiempo a qué entendiesen que no hablábamos de tornillos metidos en cajas apiladas en un almacén y con un código de barras.

Sin embargo, habíamos desarrollado una técnica infalible, mezcla de desgaste sicológico y guerra fría, que dimos en llamar como el villancico: *"Pero mira como beben los peces en el rio"*.

Normalmente la auditoría se iniciaba con la presentación de los auditores, uno sénior y otro junior. Este último solía ser, generalmente y por eso de los galones, el encargado del curro del conteo.

Un rápido vistazo a edad, a cómo venía vestido y a su actitud frente a los tanques, era más que suficiente. Inmediatamente empezaba nuestro trabajo de desgaste, de guerra fría, de persuasión dirigida.

Este procedimiento se iniciaba con varios sutiles comentarios, como no venidos al caso, respecto a lo que le esperaba por delante y, ¡ah!, que se olvidase de celebrar la Nochebuena en casa, que dijese adiós al día de Navidad, que lo de cantar villancicos en familia, pues este año, como que no, y que si todo iba bien y había suerte igual llegaba a tomarse las uvas. Que nosotros ya estábamos acostumbrados. Lo acompañábamos de un suspiro hondo y profundo en equipo.

Con esta entrada, así, a lo bruto y descarnada, conseguíamos que se pusiese en guardia. Tal vez había dicho "sutil". Bueno, no importa demasiado. Maquiavelo nos servía de inspiración.

Le dejábamos respirar unos segundos y continuábamos picando en hueso: que, si había previsto hacer vacaciones que se fuese olvidando, que los imprevistos eran muchos y que las posibilidades de dejarlo todo resuelto eran casi inexistentes. Uf, la de vacaciones que llevábamos perdidas. Le vimos suspirar hondo y se le escapó, con un hilillo de voz, que había previsto irse a esquiar con su novia.

Ya era nuestro. La palabra "novia" era como si una jauría de lobos hambrientos oliera la sangre.

Empezaba el proceso de acorralamiento. Así, para entrar en materia y ponerle sobre aviso y demostrarle que lo que le decíamos no era baladí, le teníamos preparado un tanque con doscientos o trescientos mil alevines talladitos, fáciles y a punto para la máquina de contar, "la Vaki". Eso sí, al ralentí, que los peces son muy delicados y no podemos hacerlos sufrir, eso le decíamos. Que luego los de la protección de animales nos sueltan los perros, eso le decíamos. Que llega a oídos de los del comité de bienestar y tremendo pollo nos montan, eso le decíamos. Que, si se enteran en la BBC, menudos documentales nos hacen y no veas cómo iban a poner a su empresa. Todo eso le decíamos.

Ahora lo estábamos aterrorizando. Empezamos a notar el aturdimiento y la bajada de reflejos.

Este conteo rutinario que bien llevado podía estar resuelto en un par de horas, a lo máximo tres, hacíamos que durase media jornada. Puesta a punto de la máquina, control de conteo, verificación, ajuste de los sensores, del tornillo del fugilate, análisis de talla, pasa uno, ahora otro, contemos cien, ajusta la entrada, no, no tanta agua, para la bomba, arranca, otra vez el fugilate, mira el lector... ¿Cómo? ¿Qué hay que empezar de nuevo? Ya lo ves, esto del sistema ISO, es que no podemos pasar una. Éste era el primer tanque de los más de trescientos que había en su lista.

Lo habíamos conseguido, le invadía la desesperación y ya se veía pasando el día de Reyes contando peces.

Cuando le dijimos que los pequeños, las larvas, no se podían contar directamente y que deberíamos enseñarle el sistema de estimación indirecta basado en un algoritmo matemático, mediante el cual ajustábamos la cantidad de alimento que les proporcionábamos a un sistema de transformación numérico o... probar a contar un millón, casi se nos desmaya.

Ahora tocaba recuperarlo para la causa.

Llegados a este punto era necesario hacerle ver que, en realidad, todos sus colegas habían acabado aceptando que lo mejor era el método de estimación indirecta y que si se lo explicábamos adecuadamente seguro que podría dar por buenos los números del inventario.

Así, con mucha suerte, en un par de días saldado y a casa para Nochebuena. Recuperó la presión sanguínea y algo de color que se nos estaba quedando pálido. Respiró profundamente. Nosotros respiramos. Nos sonrió como diciéndonos: "sois mi salvación".

Ya lo teníamos encauzado. Ahora tocaba la parte final, la mascarada que ya teníamos preparada.

—Pepeeee, Teresa... traer el listado de conteos, los registros de puesta a punto de la Vaki, las impresiones de paso, el listado de existencias...

—Carlos, el C15 y el C38 que tienen veinte mil contados de ayer, ¿correcto?, enchufa que vamos. Ajusta todo y espera que vea cómo va lo de la puesta a punto. Ya sabes, les dices que esos, eh, que los otros están recién contados y que no se les puede dar tanta caña.

—Dani, Ramonín, José, los estadillos de alimento vivo. Sí, vale, poned unos rotíferos en un portaobjetos y que vea cómo los cuenta Luisón.

—Siiii, también unas larvas, que se lo crea, claro hombre. Venga, vale, un muestreo del L22 con la probeta, tres veces, la media y que vaya con Ramón a rellenar el parte de existencias y que le diga cómo hacemos para estimar que hay quinientas mil larvas en el L02. Si se pone duro, qué le pregunte que si las contamos, ah, y que le cuente lo de la historia de aquel que así lo quiso y lo tuvimos una semana.

—Manolo, Fe, luego iremos a post-larvas, preparar el listado de los piensos, lo que ponemos a cada tanque y que como no sobra nada pues que seguro que hay más de los que decimos. Dejadlos con un puntito de hambre que así verá como atacan.

— ¡Cada vez nos los envían más verdes! ¿Qué hace el sénior?

Por *"des-contado"* que acababa diciendo que *"en el inventario no se encontraron desviaciones ni pequeñas ni grandes de lo que en los libros había registrado"*.

—Juan, que se preparen Eloy, Miguel y José Luis que ahora os lo enviamos a moluscos. Nosotros ya hemos acabado.

Había pasado un día.

Una cuestión de pelotas

Zubizarreta, Ferrer, Koeman, Nadal, Bakero, Amor, Guardiola, Eusebio, Laudrup, Beguiristain y Stoichkov, el Dream Team de Cruyff en pleno apogeo en la temporada 92-93. Ganaron la liga con cincuenta y ocho puntos, a uno del Madrid, en la última jornada, la treinta y ocho, con un golazo de Stoichkov allá por el minuto diez a la Real Sociedad, pero sobre todo la ganaron por un Tenerife que arrodilló al Real Madrid en una dolorosísima repetición de lo que había sido el año anterior, cuánto dolor, cuánta decepción. Los cantos de "Tenerife, Tenerife" en el Camp Nou, creo que todavía se rememoran. Núñez lloraba a moco tendido.

Se disputó por primera vez la Liga de Campeones, dejando atrás la Copa de Europa, con un formato algo diferente al actual. El vigente campeón, el Barcelona, no pudo pasar de los octavos cayendo frente al CSKA de Moscú, equipo que representaba a Rusia, aunque curiosamente se había clasificado por ser campeón de la última liga de la URSS. Todo cambiaba muy rápido en Europa.

Aun y con todo había sido un buen año, bien, tal vez no el mejor, tal vez no el soñado, aquel Dream Team estaba hecho para mucho más, pero, sí, fue un buen año. Las primas habían sido cuantiosas y si a eso se le sumaba todo lo ganado en años anteriores, después de la gloriosa primera Copa de Europa y dos ligas, más otros trofeos y bolos, la verdad es que la plantilla había incrementado considerablemente sus emolumentos.

A Pedro Treto esta semana le tocaba turno de mañana, entraba a las siete y estaba a más de cuarenta y cinco minutos de la planta, así que a las cinco ya sonaba el despertador, no le importaba, estaba acostumbrado a andar con su ganado y hoy no era un día especialmente diferente, de hecho, hasta había dormido algo más de lo habitual ya que las tareas que tenía previstas podían hacerse por la tarde.

El día empezaba con tranquilidad, rutinas en la sección de larvas, la producción iba bien, los jefes decían que los números eran buenos, se podría decir que incluso existía un cierto relax. Después de ir a buscar el alimento vivo, tocaban rotíferos bien enriquecidos para las larvas más pequeñas y alguna artemia para las mayores, hizo el reparto con detalle y control, mirando, viendo que pasaba, siempre le gustaba hacerlo con mucho cuidado, sabía que era importante, "Mr. Proper" se encargaba de repetírselo hasta la saciedad, diariamente, como si él no lo supiese.

A la hora del bocadillo había algo de revolución, se veía a los del equipo de transporte hablar entre ellos y con una cara un tanto seria, parecía como si con el camión, más de trescientos mil juveniles de doradas que estaba a punto de salir, pasara algo.

"Temporal en el Mediterráneo, vamos a tener que cambiar la planificación, mañana no me voy a poder encargar de lo del Delta. ¿A quién enviamos?"

El agente de tres de los principales jugadores estaba algo preocupado, no era fácil colocar tal cantidad, ni hacer ver a estos profesionales, con tremendas sumas de dinero, que era el momento de hacer algo serio y sobre todo que garantizase el futuro, porque su carrera deportiva estaba llegando a su fin y no todos los flecos estaban cerrados. Se estaban agotando las formas habituales, inmuebles, fondos de inversión, bonos del tesoro, sicavs para invertir en bolsa, empresas del sector de la hostelería, bodegas de vino, … las grandes fortunas no están exentas de batacazos y hay que contribuir a mantener el patrimonio. Esta era su principal preocupación, sobre todo diversificar, con riesgo, sí, pero con cierta mesura y sin engaños.

Muy bien no sabe cómo le llegó a su mesa, pero en la cartera de potenciales inversiones aparecía algo realmente nuevo y le llamó de inmediato la atención. Posiblemente porque le evocó a su infancia, a las horas pasadas con sus *cosinets*, *els Panisello*, a las paseadas en bicicleta por *l'Encanyissada*, las perdigonadas *als moixons* y la pesca de la *moixarra*, *l'anguila* y *el llobarro*, con un cigarrillo, *lo petit Panisello* lo llamaba "fumarro", bajo una puesta de sol como hay pocas, con el Montsià a la espalda, desapareciendo bajo una luz divina.

En el Delta se estaba montando un proyecto que iba a posibilitar alimentar a la gente en un futuro inmediato, produciendo peces, aquellos peces que el recordaba. Nuevas empresas surgían bajo el paraguas de los que se conocía como acuicultura, bueno realmente la referencia era piscicultura, ¿qué era eso? ¡Bah!, qué importa, era el Delta, allí no podía salir nada mal. Peces y comida era un tándem casi bíblico y según iba leyendo se convencía que tenía mucho de milagro. El sector de la alimentación era emergente, a los futbolistas les gustaba y si además podían poner su nombre al producto, merchandasing gratis.

Bernardo lo tenía claro, o iba con el camión alguien de larvas o él no se responsabilizaba, bastante tenía con reordenar toda la logística, y como siempre, ya se veía en mitad de la pelea del departamento con producción para ajustar el plan de siembras. Se había acostumbrado, mejor dicho, se había especializado en encontrar soluciones allí donde nadie las veía y eso es lo que había hecho, "tiene que ir alguien de larvas".

Entre escuchar ¿a quién enviamos? y la mirada de Bernardo pasaron apenas unos segundos. Treto entendió de inmediato que él era la solución.

Mira Treto, con el oxímetro cada tres horas echas un vistazo a cada tanque, si ves que el nivel de saturación está por debajo del ciento veinte lo subes un poco, aquí con esta llave, vigila el aire que a veces hace mucha espuma y los peces no se ven. ¿Llevas las tuberías? Coge el redeño y con cuidado echa un vistazo, los muertos, si hay, no te preocupes enseguida flotan, son muy escandalosos, pero no tiene por qué pasarte nada, son sólo doce horas, si tú supieras lo que me ha tocado a mí. ¿Llevas mi número? Oye, apúntalo todo, que ya sabes lo que pasa luego, toma, las hojas de los registros, empieza aquí, apunta la hora, la temperatura, la salinidad, el oxígeno, los que hay en cada tanque, el código, lo del ayuno... ¡ah! ¿Llevas las tiras del pH? No le hagas caso al chófer, que él conduzca, lo demás es responsabilidad tuya. Cuando llegues, me llamas. ¿Llevas los papeles?

El promotor del proyecto era Lluís Nicio, lo conocía de forma indirecta, a través de varios colegas con los que había hecho algunos negocios por el sur, era un constructor de renombre y con buenas agarraderas, eso siempre daba confianza. Además, qué mejor que un constructor local para saber de esas cosas. No lo dudó, sus representados invertirían en acuicultura. Solo con el recuerdo ya babeaba, se acercaba la hora de comer.

El viaje iba a ser tranquilo, seguro, los peces estaban en perfecto estado y era un lote duro como un garrote, pasaron todo el invierno sin apenas bajas, creciendo y soportando los cambios de temperatura sin mostrar nada anómalo.

Era primavera, una época buena, apenas si empezaba a calentar el sol y esto contribuía a que la temperatura del agua se mantuviese estable, mejor, mucho mejor, es lo que le había dicho Bernardo. Llovía bastante y el "hombre del tiempo" había dicho que serían lluvias generalizadas, la borrasca iba hacia oriente, o sea, todo el viaje bajo el agua. Seguro que los peces no se quejarían por ese detalle. Bernardo le había insistido, debía pararse cada dos o tres horas y comprobar que todo iba bien. Así lo hizo.

Apenas se dio cuenta y ya estaban enfilando la entrada del Delta. No era fácil orientarse, caminos de servicio y pequeñas carreteras se mezclaban, las indicaciones no eran muy buenas, el agua caía con fuerza, pero tras un par de preguntas a los dos únicos payeses que encontraron le sirvió para situarse y ya vislumbraban la planta, al final de la zona arrocera, cerca de la costa, ¡cuánta agua y qué canales!

En algunas zonas el camión pasaba justo, menos mal que no había tráfico, de haberse cruzado con un tractor o un coche o tal vez una motocicleta la cosa se habría puesto fea, bueno más de lo que estaba seguro que no. La curva de entrada a la planta no era buena.

Al agente le dijeron que, para empezar, iban a recibir en apenas unos días un lote de peces para iniciar la actividad, lo llamaban el engorde, más de trecientos mil le habían dicho, calculó, vaya, eran unas cuantas pesetas, multiplicó por lo que obtendrían una vez engordados según el precio de venta que le habían pasado en el plan de negocio y bueno, no estaba nada mal. Había que esperar un poco, cierto, pero ¿acaso en bolsa no pasaba lo mismo?

Por mis cojones que pasa, dijo el chófer, Treto, que no que ese es un barro muy engañoso, el jefe de producción, que sí, que sí, tira que tengo un montón de trabajo y no podemos estar aquí todo el día, Treto, que me la juego, que hasta que no estén todos dentro son responsabilidad mía, que así me lo han dicho, el chófer, tú estás loco, te crees que yo puedo estar aquí todo el día, mañana llevo truchas, el jefe de producción, que yo me lo conozco que este terreno aguanta.

El chófer, me cago en la puta, nos hemos hundido hasta la cabina. Treto, ¡ay mi ganado! El chófer, de aquí no salimos. El jefe de producción, hoy va a ser un día largo. Seguía lloviendo.

En su despacho el agente recibía una llamada, alguien le explicaba, con detalle, pero con un cierto nerviosismo, lo que estaba sucediendo en ese momento en el Delta. Que si el camión, que, si los peces, que la discusión era muy gorda, que apenas si lograba verlo. Parecía que arreciaba. Estaba claro que este negocio no iba a ser sencillo, bueno, si al menos servía para evitar pagar más impuestos.

Humm… aquellas *moixarras*.

Mi primera vez

El Mediterráneo hervía, era mitad de los años noventa y nuevas empresas acuícolas surgían por doquier. Era una locura. Especialmente en Grecia.

Para el departamento de producción, una bendición, ya que casi el cincuenta por ciento se exportaba y nos pedían peces pequeños, de medio a un gramo como mucho. Las condiciones de las costas griegas posibilitaban trabajar con estos tamaños con total tranquilidad. Para el equipo de transporte una verdadera tortura. De promedio más de medio millón por camión y una semana de duración.

En el mejor de los casos un noventa por ciento de supervivencia, aunque fueron muchos los casos de mortandades masivas, de camiones totalmente perdidos. Había que mejorar, ya que seguían pidiéndonos alevines y teníamos fama de ser los mejores, tanto en la calidad de lo que producíamos como en la seguridad de nuestros transportes. Resultaba evidente que necesitábamos conocer qué pasaba para proponer soluciones.

Todos los camiones estaban ocupados, bien viajando dentro el país, bien a las islas, bien a otros lugares. Por eso decidimos contratar a Le Courboussier, una empresa bretona con prestigio y una buena flota, moderna y bien preparada. Su llegada a nuestra instalación, el día convenido, fue espectacular, llevándose por delante el cartel de anuncio de bienvenidos a la granja. No lo vieron, como tampoco vieron los dos estanques con agua preparados para el cargue y que había justo al lado del sitio habilitado para el aparcamiento. Se diría que venían discutiendo. Eso sólo era el principio.

Los dos chóferes, algo así como el gordo y el flaco, sólo que este flaco le sacaba más de una cabeza al gordo, eran las antípodas uno del otro, no sólo físicamente, también en su carácter y en la forma de comportarse y proceder. Excepto por una curiosa coincidencia doble. La primera era que ambos calzaban unos zuecos de suela de madera y piel de cabritillo, que en esa época debía de causar furor entre todos los chóferes de Europa ya que vi que eran de uso generalizado. ¿Tal vez por su ergonomía? No llegué a saberlo.

Estos zuecos albergaban sus pies y ahí era donde se daba la segunda y última coincidencia, las uñas de ambos eran como mejillones, pero de los de tamaño extra con balanos y poliquetos incrustados. No puedo ni quiero imaginarme qué es lo que había bajo las uñas. Desde luego nada bueno, nada que no fuese algo así como el cincuenta por ciento de la flora bacteriana existente en un cuerpo humano. Tal vez me quedo corto.

Michel y George, que así se llamaban, aparte de esas pequeñas cosas, véase la entrada y el suceso cartelario y la estampada contra los tanques de agua cosilla, eran la eficiencia personificada, conocían su oficio y la verdad es que lo dominaban al dedillo, con una profesionalidad exquisita. Bueno, digamos que efectivamente sabían apañárselas. Poco después de llegar ya estaban cargando agua, ajustando el oxígeno, echando un vistazo a los tanques y a los peces, preguntando si había otros tanques de repuesto para el agua, ah y qué hacían con el cartel de bienvenida.

Decidí viajar con ellos, quería seguir todo el proceso, coger datos y obtener información que nos sirviese para mejorar el transporte. Tal vez vigilarlos. No pusieron pegas, bueno, que uno conducía y el otro dormía en la litera, así que yo debería adaptarme a las condiciones del viaje, asiento o litera, en función de sus necesidades. Bien, sin problema. Decidimos que el idioma para comunicarnos sería algo así como una versión bretona del esperanto, al cabo de una hora era como si nos hubiésemos criado juntos, a gritos y sin entendernos, lo habitual en las familias bien avenidas que con una mirada basta.

La preparación, el cargue, la puesta a punto y la salida se produjeron sin contratiempos. Directos a la frontera con Francia, el camino prometía. Montpellier, Nimes, Cannes, Mónaco, Génova, Módena, Bologna, Pescara, Foggia, Bari y Bríndisi. Espera en el puerto para coger el ferri y rumbo a Patras. Pasar la aduana, un puro trámite, y otros quinientos kilómetros hasta la granja destino.

Si todo iba como debía ser tardaríamos unos siete u ocho días en llegar a nuestro destino. Es cierto que dependía de la aduana y de los aduaneros, pero este viaje ya se había hecho en multitud de ocasiones y no era factible que nada se saliera de la norma. La meteorología nos iba a acompañar, incluso durante la travesía, bueno así creíamos.

Iniciamos la toma de datos, lo normal, esto y aquello, tal vez lo de más allá, tampoco importa. Los primeros cientos de kilómetros pasaron tranquilos. El primer inconveniente se produjo nada más pasar la frontera italiana, apenas unos kilómetros después, en el nudo de Ventimiglia, camino de la A10 a Génova, en una zona habitual, Michel, el criador flaco de mejillones, ya nos lo había adelantado. Los carabinieri, dos para ser exactos, de negro impoluto y con sus características rayas rojas laterales, brazos en jarras, pantalón bombacho y gorra calada. Mano en alto, nos daban precisamente eso: el alto.

Nos apartamos. Tranquilos toda la documentación está correcta, no pasa nada, *"ne sont que des bâtards"*, oí decir a George, el criador gordo de mejillones, y creo que medio lo entendí. *"Cosa ti porti nel camion?"*, preguntó uno de los carabinieri, el que tenía cara de *"bâtard"*, algo más que el otro. *"Pesci, pesci vivi"*, dije alardeando de mi italiano de libro de sistemática de tercero de carrera. *"Humm, pesci vivi, sono buoni da mangiare?"*, dijo el otro carabinieri que parecía menos *"bâtard"*, pero que no lo era. *"No, no, piccolo, non mangiare"*, continué alardeando y ahí se acabó mi conocimiento idiomático.

George, el criador gordo de mejillones, que dominaba mucho más que yo el idioma (¡qué buenos libros de sistemática tienen en Bretaña!) intervino, *"sono molto piccole e hanno portato la Grecia al grasso, fino a due anni non mangeranno"*. *"Beh, e servito per l'acquario dei miei figli?"*, dijo el..., bueno, uno de los dos carabinieris. Aquello no iba bien, el empeño era creciente y ahora querían verlos. Aunque insistimos en que no era buena idea, por lo del estrés, la luz, que si llevaban mucho tiempo sin comer.

Les daba lo mismo.

Finalmente, y cuando comprobaron, tras una salabrada, que efectivamente eran unas doraditas de medio gramo, acabaron reconociendo, con malestar y pesar, ya que presumían no iban a pescar nada, que vale, que todo estaba bien y que no corriésemos y que respetásemos todas las señales, que los accidentes con camiones eran los peores. Les dijimos adiós con un suspiro de alivio, Michel y George, los criadores de mejillones, se miraron como diciendo, nos hemos ahorrado una pasta. Pasta italiana que poco después nos comimos con ganas.

Avanzamos como estaba previsto y llegamos con tiempo suficiente al puerto de Bríndisi. Buscamos un buen lugar para aparcar, cerca del malecón y no lejos del embarcadero para aprovechar y cambiar agua. Era un sitio ya conocido, donde apenas si se veía ningún tipo de suciedad y alejado de cualquier vertido portuario.

Mis socios dijeron que se encargaban de todo, les pasé los registros para que los completasen con los datos que quería y tras comprobar que todo estaba bien, nada de bajas, ninguna alteración significativa, me quedé dormido como un auténtico tronco, creo que apenas si había dormido una hora en las últimas veinticuatro o treinta y efectivamente tengo mis limitaciones.

Me despertaron apenas pasadas dos horas, ¡qué cabreo!, eso no se hace, hombre. No, sucedía que el tiempo había cambiado bruscamente, se preveía un gran temporal en el estrecho y desde el ferri nos habían pedido adelantar el embarque para evitar salir en el peor de los momentos. Yo alucinaba, entonces el peor de los momentos lo íbamos a pasar en plena alta mar. Por supuesto, allí es donde el barco es más estable y todo está bajo control, nos dijo el encargado del embarque, un maltés, con bastantes capas de piel sobre su esqueleto, o de mugre, la verdad es que no lo distinguía.

Acabamos de llenar los tanques con el agua del embarcadero, buena temperatura unos quince grados, cerramos las tapas superiores, acabamos de ajustar el nivel de oxígeno y adentro. Habíamos pedido permiso para que nos dejaran estar cerca de la zona de la sentina donde había una conexión a una bomba que podía chupar agua directamente del mar, nos lo concedieron y el camión quedó en mitad de la zona más profunda de la bodega, pero sin estar demasiado rodeado de camiones, tal vez no querían correr el riesgo de que toda el agua que llevábamos acabara en sus cabinas.

No soy un lobo de mar, pero para mí que aquel movimiento no era nada normal, no habíamos salido del puerto y los vaivenes no hacían más que mover el agua de los tanques yendo de un lado a otro, hasta se llegaba a perder algo por las tapas superiores y eso que eran casi herméticas. Miré a mis colegas, nos encogimos de hombros, algo se dijo en bretón que no entendí y empezamos a amarrar como nos había dicho el contramaestre de carga y así es como atamos el camión a la estructura del suelo, por lo de la seguridad, vamos. Empezaba a anochecer, no es que tuviese una certeza exacta, ya que en la bodega no entraba nada de luz, por lo que decidí salir a cubierta. Mejor no haberlo hecho.

Las caras que vi en el resto del pasaje, camioneros y marineros básicamente, no era de las que se ven en un crucero de placer. Más bien de las que presagian catástrofe. Fuerte bocinazo anunciando nuestra salida. La verdad es que no distinguía el movimiento del mar del ferri al desplazarse, pero así debía ser. Poco podíamos hacer, todo estaba en condiciones, los peces bien, bien movidos, más bien batidos, bien batidos, sí. El camión anclado y seguro, así que nos fuimos hasta la cantina. Hombre, aquello no era el bar del Ritz, no hay que engañar a nadie, ni el restaurante de carretera donde nos habíamos tomado una meritoria pasta, tampoco. Aquello era el inframundo.

La cena y el desayuno iban incluidos en el pasaje de carga. Viendo el lugar y el movimiento del barco, la dificultad que debía suponer el intentar comer algo entre cuarenta y cinco y sesenta grados de inclinación basculante iba a ser insuperable, aquella noche iban a ahorrar bastante. Pedimos unas cervezas, por fortuna no tenían.

Bueno, pues a los camarotes. La verdad es que estábamos, quiero decir yo al menos, realmente muerto y la idea de estirarme e intentar dormir algo no me parecía mal. Repartimos los turnos de guardia para ir a ver los peces, comprobar niveles, ajustar y tomar notas. Me tocó la primera. Directamente y sin pasar por el camarote, fui directo al camión, linterna en mano. Revisión de rigor, niveles de oxígeno en cada tanque, intensidad de la aireación, pH y revisión de amonio. Nada anormal.

Como pude, el movimiento no sé si iba a más, pero era del todo considerable, abrí una tapa. Choafff... agua y algunos peces sobre mí, sí, pude vez que aleteaban, así que al menos seguían vivos, no me pareció buena idea continuar. Fui a la cabina y me senté para intentar secarme algo y apuntar, bastante complicado. En todo esto habían pasado más de dos horas y era cerca de la una de la madrugada, consideré que ya había hecho suficiente, así que me fui para el camarote.

El camarote, ay, el camarote. Como en la película de los hermanos Marx, pero hecho una lobera, cosas por el suelo, sillas patas arriba, un conductor danés, transportaba Legos, con cara de haber vomitado todo lo que había comido en los últimos quince días. Era curioso, mareado sí que me sentía sin embargo no tenía ninguna sensación de que fuese a vomitar. Me acerqué a mi cama, bueno he de decir que ciertamente estaba limpia, eso sí que es cierto y que las tres cinchas de la cruzaban impedían que las mantas y sábanas se moviesen, eran previsores. Desperté a Michel, el criador flaco de mejillones, y le dije que me iba a la cama, él dijo que en breve iría a dar una vuelta, creo que le dije que no hacía falta que podía esperar algo más.

Me metí en la cama, en el proceso me di cinco o seis golpes en la cabeza y pisé alguna que no era la mía, me até bien fuerte, con las tres correas y... me quedé dormido como un ceporro, estaba destrozado. Dormí seis horas de un tirón, no me enteré de nada, no escuche nada, no sentí nada, para mí que el vaivén me sirvió de arrullo, como a los bebes en los balancines. Por la mañana, me despertaron, cerca de las ocho. No hacía falta el parte de guerra, se veía, en cómo estaba el camarote, en cómo estaban las caras de las personas. Me miraron y más o menos me vinieron a decir, que era un egoísta y que tenía que haber repartido de esa maravillosa droga que debía haber usado para pasar la noche.

Michel y George, los criadores de mejillones, me contaron que tuvieron que pasarse toda la noche en el camión, que más o menos a partir de la dos de la madrugada aquello se puso pero que muy mal, que algunos de los amarres se habían soltado y que el camión incluso peligraba. Que hicieron un intento de despertarme, pero que nada de nada. Pero, ¿y los peces? Bajas había, desde luego, cuántas, no lo sabían, pero que ahora estaba todo en calma y que nada más se podía hacer hasta desembarcar. Que mejor ir a tomar un café y algo de desayuno, si es que se podía. No les iba a decir yo que no.

El café estaba caliente, lo del desayuno, ¡hay que ver lo que hace el hambre!, todo delicioso, aunque no sabría decir qué era. Aprovechamos para hablar un poco de la logística, faltaban como unas dos horas para llegar a puerto, al salir valoraríamos la situación y dependiendo de lo que nos encontrásemos tomaríamos la decisión. Llegamos sin contratiempo, como estaba previsto, el desembarco se efectuó con normalidad, parecía increíble pero no hubo ningún daño mayor. El día estaba radiante, con ese color de la luz que sólo se ve en el

Mediterráneo y esa transparencia que parece que puedes tocar cosas que están a varios kilómetros. Desde luego nada que ver con la noche anterior y la travesía.

Aparcamos a la salida, antes de la aduana, en una zona reservada para los camiones, abrimos las tapas, la espuma y el color del agua hacían presagiar lo peor. Sobre la espuma algunos peces muertos, malo. Empezamos a limpiar y mirar con más detalle y sorpresa, sorpresa, sorpresón, apenas si había un centenar en cada tanque, en total no llegaban a los dos mil y llevábamos más de medio millón, magnífico. Nos dimos un abrazo, era para dárselo.

Con la emoción del reencuentro por una situación inesperada, nos activamos enseguida, de nuevo a tomar datos para el registro, los de siempre. Mientras lo hacía pensaba, de qué sirve esto si después de lo que ha pasado lo normal es que no quedase uno vivo, ¿acaso quiere decir que para ir con seguridad había que saber escoger la tormenta del siglo? Obviamente no, pero tampoco tenía ningún otro argumento.

Visto lo visto y ante el buen estado de los peces y de los parámetros que tomamos del agua decidimos que mejor no hacer nada, así que, de camino a nuestro destino, faltaban unos cuantos cientos de kilómetros y cuanto antes nos pusiésemos en macha, mejor. Enfilamos la salida del puerto, nos adentramos en la parte vieja portuaria de Patras, había que continuar por la carretera que iba pegada a la costa, pero nos equivocamos y entramos en la zona de las casas colindantes al puerto, estrechas y mal indicadas.

Tras un giro bastante forzado oímos un crujido considerable y un caer de cascotes, acabábamos de cargarnos un saliente de un balcón con la parte superior de la caja del camión y nos habíamos quedado atascados. Conducía George, el criador gordo de mejillones. Aquello debían ser maldiciones, eso es algo que independientemente del idioma se entiende sin problemas. Por suerte era temprano y no parecía haber nadie, ni en la casa ni en la calle, sólo un par de coches mal aparcados y otros circulando.

Nos bajamos y miramos el destrozo, en el camión nada, el poliéster reforzado es realmente duro, el balcón, bueno, del balcón quedaba poco. Michel, el criador flaco de mejillones, paró el tráfico y empezamos a recular con cuidado, yo me puse en el otro lado e iba indicando para que no se produjera el mismo efecto en la casa de enfrente, sin embargo, creo que no debo ser bueno indicando a un conductor de camión como debe salir de una calle estrecha marcha atrás, de hecho, creo que debo ser bastante pésimo, porque se oyó otro crujido considerable y de nuevo cascotes. Ejem, sin comentarios. Por suerte salimos del atasco. El destrozo era considerable, pero sólo afectaba a la estructura de las dos casas.

Salir de allí no fue lo más complicado, cuando de verdad se puso negro, negro, fue cuando al continuar marcha atrás para poder recuperar la carretera principal, había que hacer como unos doscientos metros, George, el criador gordo de mejillones, se llevó por delante, quiero decir mejor por detrás a un coche que estaba aparcado y con la mala suerte que dentro estaba el propietario.

Hay que ver lo que llegar a gritar los griegos. Y sobre todo si sólo hablan en griego y no se les entiende nada, o poco o más bien casi todo, porque estaba bastante claro lo que decía, aunque no se le entendiese.

¡Ιερά σκατά μου, έχω μαντάρα το αυτοκίνητο! ¡*Cabrones*! Esta segunda palabra es traducción libre, de la primera frase no doy fe. Así que mejor me tomo ciertas licencias y hago una traducción adaptada, ¡*me habéis jodido el coche*! Que si no tenéis ojos, que si veis con el culo, que españoles tenéis que ser, que si estos extranjeros, que si nos creemos los amos del mundo, que si...

George, el criador gordo de mejillones, que de inmediato se hizo dueño de la situación, empezó a decirle, en ese esperanto nuestro con dejes de bretón, que no había problema que tenía un seguro cojonudo que lo cubría todo, que sacase el parte internacional de accidentes amistoso y que allí mismo lo rellenábamos y punto, que nos responsabilizábamos de todo.

Más o menos, lo mismo el griego para nosotros, que nosotros para el griego. La cara indicaba que no se enteraba de nada, así que, al ponerle los documentos en el capó de su coche y un bolígrafo al lado, su cara cambió. Era más que evidente que no tenía seguro o que si lo tenía hacía como que no, que lo que esperaba era que le soltásemos la pasta para arreglar el coche y punto, punto final.

Aquello empezaba a complicarse, entre unas cosas y otras llevábamos más de medio día perdido, ya casi deberíamos haber llegado a dónde nos esperaban, había que cambiar agua, aclimatar los peces, trasladarlos a las jaulas, ver que todo quedaba bien y volver. Uf.

Sin problema dijo Michel, el criador flaco de mejillones, llamamos a la "αστυνομία" y que se encargue de todo. No, no, nada de "αστυνομία", dijo el griego, que eso lo arreglamos con unos "δραχμές" y en el mismo papel del seguro, sobre el capó, puso la cantidad. Es posible que fuese efecto de la inflación, bastante disparada en Grecia en esos momentos, tal vez que el cambio a peseta-franco lo dificultaba, pero la cifra aquella representaba como del doble del valor del coche, caso que este hubiera sido, como posiblemente hace quince años lo fue, nuevo.

"*Nous sommes avec les grecs des couilles*", uno de los dos criadores de mejillones dijo, yo dije que sí, que tenía razón. Pero ellos eran hombres experimentados, de anchas espaldas y de muchas situaciones similares vividas en varios países del continente, así que empezó el regateo. El regateo se prolongó, a veces, gritaba más el griego, otras veces el bretón, yo no gritaba, asistía atónito al espectáculo. Se empezó a congregar gente, por los gestos y la manera de asentir se diría que apoyaban a su compatriota, aunque tampoco podría asegurarlo. Ninguno de ellos era policía, posiblemente fue lo mejor que nos pudo pasar. Finalmente, y no sin esfuerzo, tras tal vez hora y media, se llegó a un acuerdo y la cifra final parecía haber satisfecho a ambas partes.

Michel, el criador flaco de mejillones, miró a su compañero, el otro criador, y vino a decirle, ¿qué, llegaremos? Más o menos entendí como respuesta "*...prendre par cul...*" debía ser bretón.

Llegamos a Mesologgi, nos esperaban, lo celebramos, ahora sí que nos bebimos unas cervezas. Que los peces vivieran y que apenas llegásemos a perder un dos por ciento de todo el camión fue lo de menos. Decidí no sacar conclusiones, no de ese mi primer viaje.

Higia populi, salus pecoris

La campaña de Navidad venía calentita. Rosa Mari estaba a punto de declararse en huelga y amenazaba con no entrar, bajo ningún concepto, en esos baños asquerosos. Nos dio un ultimátum: "Yo no limpio eso".

Con el objetivo de contribuir a calmar los ánimos, decidimos iniciar una campaña de concienciación y educación. Queríamos que fuese divertida y sensibilizadora, pero al tiempo dura y directa. Resulta evidente que hay muchas maneras de hacer esto, pero ¿por qué no con poesía?

Con este reto y aprovechando la Navidad porque hay cierto relajo y permisividad empezamos la campaña: "Me gusta mear en seco ¿y a ti?" que consistió en colocar pequeños poemas a la altura de los ojos en los urinarios y de un tiempo de lectura aproximado a una meada estándar. El objetivo era que fuese obligatoria la lectura durante el proceso de aliviado y que sirviese de acto reflexivo. Para ilustrar a los lectores presentamos un ejemplo que dimos en titular: Vuelve... por Navidad.

Como todos los años por estas fechas
recordamos a los participantes
que no estamos mejor que antes
y que hay que dejar las cosas bien hechas.
Existe y persiste el cruel empeño
de no imitar a los grandes tiradores
haciéndonos todos nosotros poco valedores
y al entrar en este lugar arrugar el ceño.
Del Parkinson pasamos a la demencia senil
del no apuntar, al quita que te doy
del que no limpio, a la aparta que me voy
y del buen comportamiento, al comportamiento vil.
Y no es que se nos vaya en ello la dicha
seguramente no somos siquiera conscientes
seamos de este santo lugar buenos comparecientes
y que al apuntar no se nos mueva la picha.

Pasados unos días detectamos cierta reducción de la miccionada errática y una considerable mejora en la comprensión lectora que contribuyó a incremento cultural y que a su vez (¡oh gloriosa literatura!) repercutió directamente en la actividad, sobre todo en cuanto a las notas que se dejaban en los partes de intercambio de turnos, cosa que era de merecer y por supuesto agradecer, que daba gusto leerlos:

"Sin novedad en el frente, nada está diferente. Da de comer a las larvitas, del siete, del ocho, del nueve y a las del diez se la quitas. Cuidado con las puestas, vigila que no se escapen, que he visto un agujero en las cestas y no quiero que nos capen"

Lo dicho, glorioso. Pero, como no hay bien que dure cien años (o mal) y lo cierto es que era tan tremendo el asunto, aún y con la mejora detectada (imagínense lo que era aquello), tan necesitada se veía a Rosa Mari, a tal extremo llegaba la urgencia que hasta nos atrevimos con un endecasílabo (¡ojo! que esto ya son palabras mayores) para aquellos de meada corta y potente, de las de chorreón:

Deja en otro lado el canguelo
que es muy fácil mear en el suelo
no, no creas que está todo hecho
sé un héroe y apunta al techo.
Disfruta de un momento divino

concéntrate en este arte fino
apunta con todo tu instrumento
no dejes que te afee el momento.

Y como no todo el mundo está hecho igual y hay quien requiere extras, probamos con la abstracción del mensaje tipo Haiku, ciertamente algo más cruel y directo, intensificando su esencia que no es otra que "cortar" ... ideas. Estos poemillas se prodigaron durante un tiempo considerable, llegando algunos a impactar por la simpleza y claridad en el mensaje, como el celebrado:

"Meada fuera
la picha corta debe
tener su dueño"

Otros, sonoros y con doble intención, apuntaban directamente al autor del desaguisado pretendiendo despertar cierta conducta civilizada:

"Kapullo mira
apunta con atino
méate dentro"

Como vemos, mensajes directos que alentaban al pensamiento complejo y que para el buen entendimiento (que no siempre lo japonés se tiene por qué comprender a la primera) se acompañaron de artilugios a modo de prótesis pénicas, enderezantes, bombas de vacío, guías láser, hilo musical y otros aditamentos que ayudaban en el proceso para que... bueno, dejémoslo.

El caso es que tanta campaña e insistencia, menos mal porque ya se nos acababa la inventiva, tuvo un efecto positivo y al poco tiempo el "santo" lugar pasó a ser una zona inmaculada, excesivamente inmaculada, sospechosamente inmaculada. Tanto era así que descubrimos que el sacrosanto sitio estaba tan resplandeciente por un único y principal motivo, simplemente dejó de utilizarse. Vamos que no hubo usufructo.

¡Oh! ¿Entonces?

Sí, efectivamente se había producido un desplazamiento desde la zona señalada para este íntimo uso hacia lugares aparatados cerca de las esquinas y desagües remotos de la planta, donde el correr del agua de salida de los tanques y su alegre murmullo contribuía alegremente a la ayuda que, en ocasiones, se requería al tener las próstatas ya algo gastadas.

Por muy comprensible que este hecho sea y puede que hasta se pudiera sentir cierta piedad ante determinadas personas, que bien por edad o bien por tener apreturas descontroladas, era evidente que siguiendo la máxima veterinaria la salud de los animales empieza con la higiene de las personas y no al revés como dice el lema de los veterinarios

(Higia pecoris, salus populi) es decir *"La higiene del ganado, la salud del pueblo"*.

No, amigos. En los albores de la acuicultura industrial era al revés.

Reunión de urgencia. El Consejo aprueba por mayoría cierto dispendio extra para contratar a la AEAGG (Asociación Española Anti Grandes Guarros).

Primera medida, sanciones y suspensiones de empleo y sueldo a aquellos (realmente no se dio ningún caso que justifique el uso de la tercera persona del plural del femenino, así que lo dejaremos) que pillados en el infraganti hecho referido y con las manos en la masa no tuvieran más remedio que admitir la evidencia. "Ahhh, ufff... un momentito que ahora no puedo girarme". Hecho: suspensión de empleo y sueldo por una semana. Falta grave.

Segunda medida, ¡coño, pongamos más servicios mejor distribuidos y que sean de esos a prueba de botas, pienso, cacas de pez, agua y todo lo que un operario normal de planta lleva asociado a su habitual atuendo! Hecho y adicionalmente, ante el éxito de las medidas, se colocaron sistemas de limpieza de manos, unidades de desinfección, zonas de paso habilitadas, gestión de visitas, prohibición de fumar al tiempo que se trabajaba (que después la legislación ya se encargó de la suspensión total), hurgamiento de narices y tocamientos de partes sensibles.

El virtuosismo higiénico vino acompañado de grandes alegrías. Rosa Mari no volvió a quejarse del estado de los servicios. Los olores marinos volvieron a medrar con habitual naturalidad en todas las zonas de la instalación, incluso aquella más alejadas. El orden y la limpieza era habitual y rutinario, incluso apreciado y los peces fueron más felices que nunca.

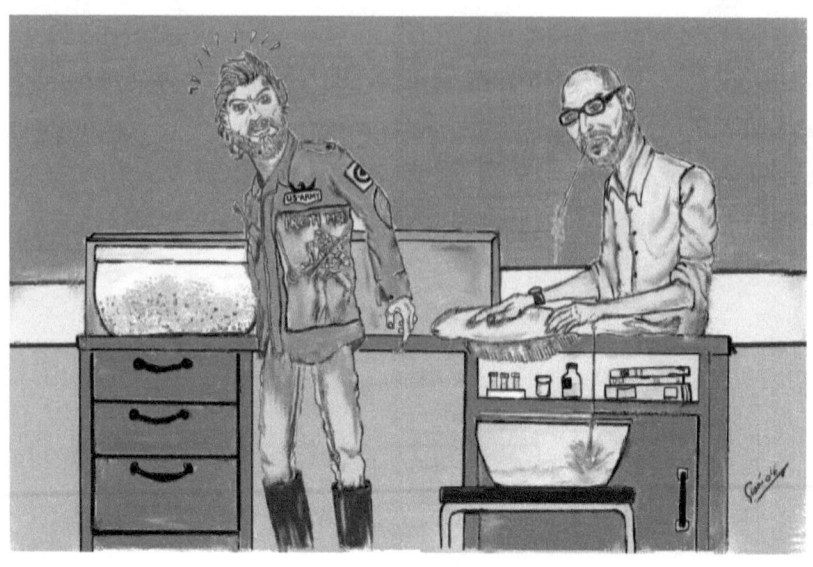

El viaje a ninguna parte

Johnny aparca su coche en la explanada frente al bar de diario, el de las cervezas, y se apea con la intención decidida de encaramarse a la escalera de acceso. Le grito haciéndome ver. Gira ligeramente la cabeza y deja el pie izquierdo apoyado en el primer escalón de acceso al bar. Parece dudar. Imagino que está valorando la posibilidad de dar el siguiente paso y olvidarse para siempre del viaje que tenemos planeado.

Pensé que no llegabas e iba a tomar un café mientras. Fue su respuesta al ver que efectivamente era yo y no un fantasma. Bueno, mejor nos vamos que el viaje es largo y ya vamos con algo de retraso, le dije en un intento de abstraerlo de lo que sin duda iba a ser un imposible si llegaba a cruzar la puerta de su Shangri-La diario. Bien, bien, cuando quieras.

Todavía echó la vista atrás un par de veces mientras nos dirigíamos a su coche y se podía apreciar como pasaba la lengua sobre sus labios una y otra vez como si intentase recordar ocultos placeres que ahora quedaban a sus espaldas. Era pronto, demasiado pronto, para empezar a degustar alguna que otra Estrella, su preferida. Lo del café, la excusa de siempre.

Yo llevaba mi bolsita de viaje. Poco más que un afiche del tamaño de un maletín de médico de pueblo. Un alarde de diseño que contenía lo justo para cinco días. Tal vez yo fuese un tanto espartano y considerase que, con un par de mudas, dos camisas y lo elemental para el aseo diario era más que suficiente, ya que ante una urgencia siempre existía la posibilidad de un lavado de urgencia en el lavabo del hotel o de dónde cayésemos, que eso nunca se sabía.

No es que fuese de los de dar vuelta los calcetines o calzoncillos y así hacerlos durar el doble, ciertamente no, pero un enjuagón hacía milagros. Las camisas eran de lo más sufrido, así que por ahí nunca había problema y los pantalones, unos vaqueros a prueba de bombas capaces de resistir un mes en las peores condiciones. Tampoco íbamos de vacaciones. Nuestro objetivo era ir a buscar un lote de huevos de rodaballo en la Isla de Man. Así que con ir aseado y ligero, suficiente.

Me llamó la atención que Johnny fuese con las botas de agua. Generalmente las llevaba, pero siempre en horas de trabajo y en estos momentos lo que teníamos por delante era un viaje. No es que fuese del todo inusual que se olvidase quitárselas y fuera con ellas a casa. Pensé que eso era lo que había sucedido el día anterior y que en el coche llevaría el calzado de recambio.

Entramos en su vehículo y no hizo ademán de cambiarse nada, bueno tampoco era tan raro, seguro que al llegar al aeropuerto. Llegamos. Aparcamos y nos disponemos a ir hacia el embarque. Johnny, ¿no llevas nada? Pregunté iluso, ya que sabía la respuesta. Claro, dijo, lo llevo todo en la cazadora.

Pero hombre, que nos vamos por cinco días y recuerda que vamos a estar metidos en harina, esto…, digo, en el agua. Dije. Sin problemas comentó, no ves que ya llevo las botas, por cierto ¿y las tuyas? Johnny, que, seguro que nos dejan unas, le respondí. Ve tú a saber que botas nos van a dejar y quién ha metido los pies en ellas.

Su respuesta, habitual, no dejaba de ser de una evidencia exagerada, pero es que siempre era igual. Al menos, alguien como tú, le respondí. Ah, eso yo no lo sé, dijo y se echó mano a los bolsillos de su cazadora. Palpaba de un sitio a otro y yo temiéndome lo peor. Seguro que te has dejado el pasaporte, le observé. Que no, que lo llevo en el bolsillo trasero, lo sacó y sí allí estaba. En un estado lamentable pero allí estaba.

Estaba mirando si llevaba todo lo necesario, dijo. ¿Cómo? Pregunté un tanto descolocado. Sí, mira. Introdujo su mano en el bolsillo interior derecho y sacó un cepillo de dientes y medio bote de dentífrico arrugado. Volvió a guardarlo. Ahora se dirigió al bolsillo interior izquierdo y sacó unos calzoncillos. Ajá, menos mal que esta vez son limpios, dijo sonriendo. Yo puse cara de ¡Dios mío! Tranquilo, me dijo que aquí, señalando su bolsillo lateral derecho, tengo unos calcetines y en el otro, señalando el izquierdo, una camiseta.

¿Qué? ¿Vamos? Preguntó dirigiéndose a la incrédula estatua que lo miraba. Tanto asumí el papel de marmolea composición que ni palabras me salieron.

Por suerte el aeropuerto de salida era apenas un chamizo en el que la puerta de embarque iba a dar directamente a la de entrada del avión y los trámites de embarque se circunscribieron a enseñar la tarjeta y pasar por el arco, o al revés, para dar directamente a la puerta de pista y a unos diez metros de la escalera.

Obviamente le hicieron quitarse las botas, por si acaso. Me lo temía, no llevaba calcetines. Los limpios son para la vuelta, me dijo. Yo asentí, claro, claro, cómo no se me había ocurrido. No se las volvió a poner y accedió directamente al avión descalzo y con las botas en la mano.

Hagamos un alto. Ya que en la explicación de su compostura hemos dejado de mencionar el curioso hecho de que la cazadora tenía el aspecto de haber participado en varias guerras, hasta tal punto que es probable que procediese de algún escamote de la primera guerra mundial y que, debido a la entropía reinante en el universo, acabase de alguna forma inimaginable en el mercadillo que solía regentar su padre allá en su tierra natal. Tal vez coincidiera, en la época de su loca juventud, la de su padre, digo, que un arrebato inimaginable le hiciera enamorarse de tan curiosa prenda.

La mantuvo como oro en paño desde los veinte a casi los cincuenta años, momento en que decidió dejársela en herencia a su primogénito. De esto habían pasado ya unos treinta años. Hacía unos cincuenta años que la prenda ya había sobrepasado la consideración de artículo *vintage*.

Aun y con todo mantenía cierta compostura y si no fuera por algunos jirones laterales, remendados con parches procedentes de otras prendas similares se diría que incluso iba a la moda. Por cierto, uno de los parches principales que remendaba todo el lateral izquierdo y parte de la espalda era la famosa imagen del álbum Piece of Mind de Iron Maiden que dio lugar al single "The Trooper". Espectacular.

Justamente eso es lo que debió pensar la azafata al darnos la bienvenida ¡Vaya tropa!

Para ser franco y poner las cosas en su sitio y no dar el protagonismo exclusivamente a mi colega, he de decir que yo hacía de buen telonero. Con mejor planta, que todo hay que decirlo, calzoncillos y calcetines, que sí que los llevaba puestos y mi cazadora preferida. Herencia tardía de mi hermano mayor a la que por color y compostura bautizamos en casa como "El gargajo". Esta prenda podría haber cumplido con las mismas prestaciones que la de Johnny, pero como bien queda dicho, yo, por pudor y respeto a mis progenitores, y consecuencia de una educación esmerada y respeto al resto de la humanidad hacía uso de una pequeña y útil maleta. Que todavía hay clases.

Nos dirigimos a nuestros asientos. Curiosamente y aunque teníamos asignados asientos diferentes más bien hacia la zona media y el avión iba medio vacío, la azafata, amablemente nos invitó a sentarnos delante, el embarque y la salida era por la puerta trasera, y colocarnos un tanto separados del resto del pasaje. ¡Qué amabilidad! Nos dijimos entre nosotros.

La verdad es que no entendimos muy bien los cuchicheos de las auxiliares de vuelo ni el juego que hacían con unas pajitas, ni la cara de desconsuelo que puso la auxiliar que al parecer le toco atendernos. La de cosas raras que pasan en los aviones.

Johnny llamó a la auxiliar. Señorita, unas cervezas, por favor. La auxiliar, muy amablemente y con la cara descompuesta, nos dijo, lo siento señores, pero todavía no hemos hecho el despegue y ya saben ustedes que... Pero si vamos en primera, dijo Johnny y yo asentí medio muriéndome de vergüenza pues, aunque lo deseaba no me atrevía a decirlo. Maldita educación cristiana.

La auxiliar, cara de circunstancias y accediendo a soportar el peso divino que acababa de caerle encima, vio que la opción de negarse podría entrañar cierto riesgo. Dos cervecitas. ¡Qué gusto! ¿Y los cacahuetes?, pregunté. Los trajo. Gracias. De nada. ¿Y las patatas? Las trajo. Gracias. De nada. ¿Otra cerveza? La salvó la campana en forma de mensaje del comandante diciendo prepárense para despegar.

El vuelo, de apenas tres horas, dio para mucho y no hay que alardear, pero creo que dejamos huella en la azafata que hasta lloró al despedirnos. No entendimos muy bien por qué con tanto desconsuelo y si realmente lo que nos decía era adiós o es que el dedo se le quedó rígido por algún mal gesto.

Llovía a cántaros. Como sólo sabe hacerlo en los aeropuertos de medio pelo del mar interior de la Gran Bretaña. Johnny miró al exterior al llegar a la puerta y decidió que era el momento de calzarse las botas de agua, que mejor uso que este, dijo. Cierto, asentí. ¿Los calcetines? Luego.

Fue curioso, pero nada más llegar sentimos que no éramos los únicos amantes de tan curiosa prenda de vestir, véase cazadora, sino que todo el hall del aeropuerto estaba lleno de personas que parecían ir o venir de las pruebas clasificatorias de un premio de Moto GP.

Nos esperaban. Hola, bienvenidos. Hola. ¿Una cerveza? Venga. ¿Otra? Bueno. Ese día no cuenta. Para mí que la levadura que contiene la cerveza me provoca un cierto *déjà-vu*. A Johnny simplemente le da por mear en cualquier sitio.

Despertarse no fue fácil, pero a las ocho en punto ya estábamos camino de la planta de producción, la gloriosa Mannin Sea Farm. Nada más llegar nos pusimos manos a la obra, nunca mejor dicho. Ahí están, fue la respuesta del responsable.

Así que empezamos a revisar una a una las casi trescientas hembras de rodaballo que debían proporcionarnos el preciado lote de huevos que habíamos ido a buscar. ¿Unas botas? Pregunté e imploré, aquello era un fangal. No tenemos, fue su respuesta. Johnny soltó una carcajada. Yo miré a los pies de mi interlocutor y vi que calzaba unas magníficas botas. Dio un paso atrás como encendiéndose. Creo que pensó que lo iba a descalzar allí mismo. Espera, me dijo. Dio media vuelta y se fue andando hacia un almacén. Johnny seguía riendo. Vas a ver tú. Vaya que si lo vi. Venía con unas botas que seguramente debían haber pertenecido al mismo soldado de la primera guerra mundial y propietarios de la cazadora del padre de Johnny.

Mejor eso que nada, así que me las puse. Noté un frío glaciar en los dedos de los pies, posiblemente por que debían haber permanecido una suerte de permafrost en el almacén en los últimos cincuenta años. Con el frío no notaba el agua. Menos mal.

La temperatura del agua estaba ideal, ocho grados. Las manos, al cabo de un par de horas, insensibles. Los peces poco colaboradores. Paramos. Un café caliente obró maravillas. Decidimos empezar de nuevo. Johnny, dije, creo que esto no es muy buena idea. Este lote de reproductores está muy retrasado y…

De acuerdo, ¿unas cervezas? Vale. Ahí acabó la jornada. El colega se nos unió. Yo no me quité las botas, faltaría más, ahora que las había atemperado.

La tarde transcurrió tranquila. Sentados en el bar del hotel con unas cervezas en la mano y viendo pasar motos y más motos. Qué pasión, si esta isla es un viaje a ninguna parte.

Amaneció y con los primeros rayos del día un alud de motoristas salió del hotel. Nos miramos extrañados. Camino a la planta le preguntamos a nuestro colega que por qué nos había tenido, el día anterior, más de dos horas revisando unas hembras que apenas si habían empezado a entrar en madurez. No lo sé, fue su respuesta. Bien.

Empezamos a echar un vistazo a un nuevo lote. Genial. Se encontraban perfectamente hidratadas, bien maduritas y a punto. Bastó con sacarlas del agua y colocarlas sobre la mesa para que empezaran a emitir un flujo continuado de huevos limpios, transparentes, perfectos y en cantidad considerable. Dos, tres, cuatro, cinco… y así hasta ocho magníficas ponedoras que nos proporcionaron casi cuatro litros de huevos que manteníamos como oro en paño en un acuario.

Mientras yo los limpiaba y separaba alguna suciedad, que no siempre están bien ayunadas y algún que otro zurullo se les escapa, Johnny estaba seleccionando unos cuantos machos. Hubo suerte. Estaban fluyentes, casi deseando que se les ayudase a solventar ese trámite saciador que es consecuencia de las ganas aguantadas. Fluyo esperma a raudales, aquello era una orgía. Con mano de cirujano separamos la parte no contaminada de orina y procedimos a ser dioses.

Fecundamos los cuatro litros de huevos. Al cabo de un minuto los huevos fecundados empezaron a flotar separándose de aquellos inanes. Extraje de mi maletín el tubo succionador y le coloqué la manguerita. Lo introduje hasta el fondo y pegué un chupetón. En ese mismo momento Johnny me preguntó no sé qué, me despisté y acabé con la boca lleva de huevos pasados y agua de mar sucia. Escupí. ¿Es que nunca aprendes? Dijo Johnny.

Después de dos o tres enjuagues continué con el proceso de limpieza. La brillantez de los huevos fecundados apuntando ya las primeras divisiones celulares nos hizo sentir una alegría inconmensurable.

Ahora teníamos por delante apenas unas veinticuatro horas antes de llegar a nuestro destino con el preciado cargamento. Pero antes los desinfectamos y volvimos a limpiar con el cariño que se procesa a un bebe de días. Sólo nos faltó ponerles polvos de talco.

Los trasladamos a cuatros contenedores con agua limpia y esterilizada. Tamponamos para evitar sustos. Un poco de oxígeno y un abrazo de despedida. Nos vemos. Vale. Adiós. Vale.

Llegamos al aeropuerto. Seguíamos con la misma ropa y con la misma pinta. Bueno hay que decir que yo también llevaba las botas de agua. Con las prisas me las había dejado puestas y ya no era cosa de cambiarse. Me di cuenta que para estos viajes no hacen falta alforjas. Con que una cazadora tenga bolsillos es más que suficiente.

Me sorprendió el hecho que, en ese mismo momento, justo antes de facturar los paquetes, Johnny sacó sus calcetines y se los puso. Le miré extrañado. No dijo nada. Yo no le pregunté. Hice lo propio, pero en mi caso me los cambié por unos limpios. No sé cómo explicarlo, pero era como si... no sé, como si algo mágico estuviese sucediendo. Johnny asintió y me di cuenta que también tenía la misma sensación.

Nuestro aspecto era como de vuelta de una guerra. Entramos en el avión y de inmediato vimos a la misma auxiliar de vuelo. La saludamos y le saltaron lágrimas de la emoción.

Viajes milagrosos

Quedaban apenas unos 10 mililitros de benzocaína, el potente anestésico que usábamos para mantener a los peces sedados y así hacer que el consumo de oxígeno bajase. Sólo quedaba medio ranger. Apenas 12 horas de suministro. Estábamos a mitad de camino con destino Madeira y si todo iba bien al menos necesitaríamos unas 20 horas.

Luismi, atónito, miraba el desastre. Por fortuna había salido ileso del percance. El camión volcado en mitad de la carretera cerca de Luarca. Cien mil rodaballos esparcidos por el suelo. La Guardia Civil intentaba componer el tráfico y algunas decenas de personas se agolpaban ante el espectáculo.

1460 peces vivos. Ese era el recuento final de los más de 140.000 que habían empezado el viaje a Canarias. El perito del seguro miraba de arriba abajo al compresor instalado en la parte baja del camión atado con unas fuertes poleas. Miraba el humo que salía, lo olía, parecía que no acabase de creerse que ahí estuviese la causa del desastre.

Las hermanas Ellinikes estaban intentando explicar a su padre, el Sr. Ellinikes, que los peces eran demasiado pequeños, que la idea de llevar más de un millón y medio, aunque supusiese un extraordinario ahorro en el coste de transporte, en realidad, no iba a suponer una gran mejora. Demasiados peces en la misma cesta.

La idea de la benzocaína había sido excelente. Realmente se notaba un efecto tremendo en la tasa de consumo y aunque se había previsto que se dispondría de suficiente para llegar a Madeira sin problemas, nadie pensó que el capullo de aduanas se empeñase en saber qué era eso que había en ese bote y que tenía un nombre tan "sospechoso". Por mucho que se explicó que era un anestésico de uso habitual en animales acuáticos y que disponíamos de autorización veterinaria, bueno autorización, autorización… no es que fuese, pero no dejaba de ser un papel firmado y con sello oficial del colegio de veterinarios. Aquel capullo no acababa de creérselo.

El volantazo consecuencia del desplazamiento de la carga de agua del camión era algo que se veía venir. La verdad es que transformar una cetárea con ruedas en un sistema de transporte con tanques de 2000 litros atados con poco más que cinchas de toldo de camión, era poco más que una quimera. Luismi dijo que no había nada más seguro que su camión en toda la Península. Probablemente tenía razón. Sólo que la seguridad, estaba claro, no afectaba a los peces que transportaba. El ir a poco más de 60 km a la hora había ayudado a que los daños personales y a terceros fuesen casi inexistentes, sin embargo, la inercia de la carga ante el frenazo consecuencia del perro que se cruzó en la carretera, no.

La idea de montar un sistema de recirculación en el camión con filtros de acuario conectados a un compresor instalado en la caja de las herramientas del camión nos había parecido peregrina pero original e innovadora. No se dispuso de mucho tiempo para adquirir un buen compresor así que el Honda de oferta era una buena elección, sobre todo si tenemos en cuenta que, si funcionaba, igual revolucionábamos el sistema de transporte. Uno tras otro, los últimos transportes a Canarias, había sido un fracaso y ya se acumulaban pérdidas de más de un millón de peces, entre doradas y lubinas. Habíamos decidido que no se iba a perder ni un solo pez más.

El empeño del Sr. Ellinikes en ahorrar, como fuese, en la compra de los alevines le había hecho apostar por algo a todas luces muy arriesgado. Sin embargo, cuando vio el precio al que le salían los peces de medio gramo, no se lo pensó. Dijo que quería un millón y medio y que él se encargaba. Que enviaría a su chófer de confianza y a una de sus hijas para que se hicieran cargo de todo. Aunque insistimos que debería reconsiderar su decisión y que por mucho que se ahorrase, tanto por el riesgo del transporte como por el hecho de tener que adaptar su sistema de cultivo a peces tan pequeños, al final existía una elevada posibilidad de que no fuese tanto.

Nos encontrábamos desesperados. El tiempo pasaba y no acabábamos de dar con la tecla que desbloquease las dudas del aduanero. En un momento determinado pensamos que lo que estaba esperando es que de alguna manera le invitásemos a probar aquel elixir, si servía para los peces, qué no haría en humanos. La tentación era elevada, tanto como para gastar unos cuantos de los preciados mililitros que atesorábamos en aquel pedazo de estúpido. No nos lo podíamos permitir, así que decidimos contraatacar. Sacamos la billetera, mostramos unos euros frescos y, milagrosamente, el producto pasó a estar reconocido por las principales autoridades mundiales de salud, la sociedad porteña para el encumbramiento del fado como patrimonio de la humanidad y la asociación de hijos huérfanos de ex futbolistas de Coímbra, amén de no sé cuántas otras organizaciones. Lo cierto es que excelso gesto nos abrió de inmediato la posibilidad de embarcar en el ferri que estaba a punto de salir para Madeira. Con todo, no siempre el dinero trae consigo la felicidad y resultó que, el capullo del aduanero, se había olvidado de lo esencial y principal, solicitar la autorización de transporte interinsular. Por supuesto que no teníamos ni idea de lo que eso era, pero era evidente que fuese lo que fuese, no lo teníamos. Y el tiempo pasaba y apremiaba cada vez más.

Cuando consiguió recuperar la compostura, la consciencia nunca llegó a perderla, y fue capaz de darse cuenta de la magnitud del desastre, se sentó sobre la cuneta. Tranquilamente miró a un lado y otro. Los rodaballitos daban saltos en los charcos de agua que se habían formado por toda la carretera, por las cunetas y los muchos socavones de la zona. Dos niños removían con un palo uno de estos socavones. Empujaban a un montón de rodaballos que luchaban por enterrarse unos a otros. Otros tres se los estaban lanzando directamente a la cabeza unos a otros, mientras otro corría, con un rodaballo en cada mano, detrás de unas niñas que huían espantadas. Se daba la circunstancia que el camión había volcado en frente del colegio y era la hora del patio. Luismi, sentado y tranquilo miraba a los niños. La Guardia Civil intentaba derivar el tráfico y gritaba a los maestros para que controlasen a los niños, que todavía se produciría una desgracia. Los profesores lo intentaban. Los dos del palo, ahora intentaban pisarlos metidos en el charco casi hasta los tobillos. Los que se los estaban tirando a la cabeza unos a otros venían con tres rodaballos en la boca. Las niñas habían dejado de correr y gritar y como eran más y más listas estaban rodeando al energúmeno que las perseguía y le estaban llenando los pantalones y los calzoncillos de rodaballos. Lloraba a moco tendido. Luismi solo miraba.

El montaje en sí no era especialmente complicado. El motor Honda activaba una bomba de medio caballo que se había instalado en el primer tanque, el que se encontraba al lado de la cabina del conductor. En este tanque se había hecho un compartimento con varias cajas de plástico (de las de fruta y verdura) que mantenían la bomba aislada de los sacos llenos de concha de ostra que haría las funciones de filtro. De la bomba salía una manguera flexible que conectaba directamente con las tuberías de llenado de los tanques, de esta manera hacíamos llegar el agua a cada uno de los once tanques restantes con alevines. Utilizamos el canal de desagüe inferior como sistema de recogida de agua y así, mediante otra tubería devolver el agua al tanque de cabecera, del lado de los sacos con concha de ostra. El plástico que protegía al compresor de las salpicaduras era fuerte y estaba perfectamente atado a los cuatro picos del compartimento. Se había dejado un respiradero para que los gases de la combustión saliesen expulsados y el intercambio de aire limpio fuese lo suficientemente bueno como para que el motor trabajase satisfactoriamente. Llevábamos recambios de las piezas principales, es decir una bujía y un manguito. Había suficiente combustible. Todo estaba bajo control y funcionaba. Evidentemente no tenía por qué pasar nada.

Estaba empeñado en conseguirlo, así que le dijo al chófer y a su hija que nada de perder el tiempo. Que cargasen muy rápido, que se olvidasen de cambiar agua y acomodar el camión. Que el tiempo era oro. Cuando el chófer le dijo que debería pararse a descansar tras conducir lo que el reglamento marcaba, porque si llegaban a pararles y le leían el tacógrafo podrían llegar a tener un grave problema, el Sr. Ellinikes lo miró a los ojos unos segundos. No fue necesario continuar la discusión. Quedaba todo claro. Sabía que su segunda hija, junto con un chófer de recambio, estaría esperándolos a mitad de camino para hacer el cambio. No pararon ni a comer. Ya tendrían tiempo. Ni siquiera miraron los peces una sola vez. Si iba bien, iba bien y si no, ya lo sabrían al llegar. No fueron en ferri. Atravesaron toda la costa norte del Mediterráneo. Pasaron a través de siete países (España, Francia, Italia, Croacia, Bosnia, Montenegro y Albania) hasta llegar a Grecia. Sobornaron a tres o cuatro aduaneros. Se encararon con otros tantos policías. En Albania, en la SH8, cerca de Sarandë y camino de la frontera de Konispol, casi atropellan a una familia que iba en carro tirado por dos burros. El susto fue tremendo.

Gerardo, un hombre de recursos ilimitados, se acercó a nosotros con un extraño personaje. Decía ser el patrón de una embarcación bichero. Son esas que se utilizan para mantener el cebo vivo mientras se realiza la pesca. Tenía previsto salir de inmediato hacia Madeira y unos de sus tanques estaba libre y en condiciones de ser utilizado. Nos miramos, nos miró, nos miramos todos y en un plis-plas ya estábamos montando la logística para pasar todos los peces del camión al tanque del cebo. Desmontamos los dos ranger y con manguera de riego de uso casero, a la que empalmamos unos cuantos difusores, conseguimos montar un sistema de extraordinaria eficiencia y sofisticación.

Uno de los Guardias Civiles se acercó a Luismi y le preguntó si se encontraba bien. Ya se sabe los golpes son muy traicioneros y aunque no se veía nada... Tal vez la cabeza, tal vez una costilla. Luismi se palpó la cabeza y las costillas y le hizo saber que todo estaba bien. Que no se preocupase. Que mejor se dedicaba al tráfico y a controlar a los niños. Que igual se acababa produciendo una desgracia. Que con lo que había pasado ya tenía bastante. Estaba llegando la grúa. Al acercarse un considerable número de rodaballos fue crujiendo bajo sus ruedas. Charquitos de sangre empezaban a vislumbrarse en mitad del agua. Habían pasado más de dos horas y casi no se había dado cuenta.

El primer golpe de mar que recibió el barco hizo que uno de los camiones de al lado y que no se había anclado bien, se desplazase. Con en segundo golpe de mar uno de los aros de enganche de las cuerdas del toldo se adentró rompiendo el plástico que protegía al compresor. El tercer golpe de mar devolvió el camión a su sitio llevándose consigo prácticamente todo el plástico. El compresor quedó a descubierto. El cuarto golpe de mar, todavía mucho más violento, hizo que el agua salpicada llegase hasta el compresor. Se oyó un "chiefffff, flufffff, graaagg, grag, crac". El compresor se paró de golpe y una pequeña llama apareció de entre su parte interior. Extintor. Urgencia. Adiós agua.

Después de más de 52 horas de viaje, 3.700 km por todo tipo de carreteras y casi 1.000 litros de combustible llegaban a su destino, unos 75 km al norte de Atenas, Styra. Una población de algo más de 3.000 habitantes en la isla de Euboea. Un lugar paradisíaco mencionado en la Ilíada por Homero, seguramente por algo relacionado con sus famosas naves e intrépidos navegantes. Desde luego que no era infundado visto la proeza que acaban de realizar los dos chóferes y las dos hermanas Ellinikes. La mitad de la población los estaba esperando. La expectación al llegar al puerto de Nea Styra era extraordinaria. El Sr. Ellinikes y su familia los esperaba. No sonreía.

Llegamos a Madeira en tiempo record, la embarcación resultó ser mucho más rápida y eficiente que el ferri y se pudo descargar directamente desde el tanque de cebo vivo a la jaula que nos esperaba en el puerto. Cuando el último pez pasó a la jaula tan solo pudimos sonreír y exhalar una bocanada de aire. Los milagros existen.

Enderezaron el camión. No había sufrido daños mayores, más allá de un par de golpes y rasguños. Se acordaba de que había caído casi a cámara lenta. Ahora veía claramente al perro cruzarse y se acordó de cómo una de las cinchas transversales petó. Acababa de darse cuenta que no había sido una buena idea. Los milagros no existen.

No había suficiente oxígeno, no había agua, no había nada que hacer. Sólo un perito atónito que acercaba su nariz al hilo de humo que todavía salía del compresor totalmente quemado. Certificó que las causas fortuitas habían determinado que el motor se quemase y que el seguro se haría cargo de los peces muertos. Milagro o no, así fue.

Descargaron los peces casi 60 horas después de haber realizado el cargue, no pararon más que para poner gasoil y comprar los suministros necesarios, aparte de las negociaciones en las diversas fronteras, las peleas con los policías y el percance con el carro. Llegaron vivos un millón de peces. Realmente los milagros existen.

Conjunción astral

En 1983 los ocho planetas que conforman nuestro sistema solar se alinearon dentro del mismo cuadrante. Este fenómeno que resulta cada 200 años generó una extraordinaria expectación ya que era de prever que algo significativo sucediera y ciertamente así fue. Arpanet adoptó el protocolo TCP/IP revolucionando la base de internet casi al tiempo que Microsoft presentaba en público la primera versión de Windows, el 1.0, con su sistema operativo gráfico de 16 bits.

Sin embargo, estos hechos son minucias si se comparan con los dos grandes acontecimientos que cambiaron, para siempre, nuestro mundo. El primero, que contribuyó a marcar a toda una generación, fueron los 12 goles a 1 de la selección española de fútbol a Malta en Sevilla, cosa que al igual que la alineación de los planetas suele pasar cada 200 años o más. Hay aficionados que siguen mirando al cielo cada noche aun a sabiendas que faltan como unos 170 años para que vuelva a producirse esta conjunción. Suerte de ganar un Mundial y un par de Eurocopas para evitar la infinita travesía que viene determinada por lo imposible. A veces, dicen, cabe la posibilidad de que se dé un fenómeno de conjunción no astral. Éste excepcional suceso se produce dentro de un espacio más contenido y bajo la influencia de ciertos astros, ocurrió dentro de un campo de fútbol bajo la confluencia del signo de Barça. Uno que los astrólogos-futbolistas quieren colocar en el firmamento.

El segundo suceso y mucho más importante, vaya Ud. a comparar, fue un evento acuícola de extraordinarias dimensiones cósmicas. En 1983, por primera vez, se consiguió que tres especies de peces marinos se reprodujeran en un solo criadero, haciendo que la curvatura del espacio-tiempo sufriera una inflexión de tal magnitud que todavía hoy hay efectos como consecuencia de este fenómeno.

La empresa Pescahito, S.A. era la referencia mundial en la gestión de reproducción de peces marinos. Disponía de un selecto grupo de doradas, lubinas y rodaballos a los que mimaba con pasión y devoción y que, procedentes de orígenes diversos, conformaban un singular universo de promiscuidad reproductiva.

Debemos remontarnos a los albores de la acuicultura, allá por finales de los setenta, para entender la maravillosa conjunción que se produjo y la excepcionalidad de este suceso trino. Apenas tres años atrás, en 1980, un grupo de individuos extrañamente desestructurados y procedentes de los más diversos lugares habían conseguido la primera producción de alevines de rodaballo. Para ello contaron con una joven Mariví, hembra que apuntaba maneras de starlette y que contribuyó notoriamente al nacimiento de la acuicultura industrial. Años después, esta hembra de rodaballo, llegó a erigirse en la principal estrella del mundo acuícola por sus extraordinarias habilidades ponedoras.

Este grupo de jovenzuelos descerebrados llegaron a la conclusión que, gestionando adecuadamente la cantidad de horas de luz diaria, controlando la temperatura del agua, manteniendo unas condiciones de estabulación correctas y sobre todo usando una alimentación completa y equilibrada, no había pez que no fuera domesticado y reproductible. Lo que sucedía es que en ese momento poco se sabía de lo que era una gestión adecuada, un control térmico ideal, una estabulación correcta y una alimentación equilibrada.

Las doradas escupían el pienso semihúmedo hecho con descartes de la pesca, las lubinas huían despavoridas en cuanto, de golpe, se encendían las luces de los tanques y los rodaballos estaban más que hartos de que los manipulasen continuamente, así que por unas u otras razones no había forma de dar con todas las teclas. Sólo se obtenían éxitos parciales que no hacían más que incrementar la incertidumbre de los procedimientos que se aplicaban y que proporcionaban una elevada desesperación y desasosiego. Las bases estaban sentadas, pero no había manera de obtener resultados consolidados, hasta que...

Era noche cerrada. Seguramente se estaba a varios grados por debajo de cero como demostraba la cantidad de escarcha que había depositada en forma de manto blanquecino sobre la hierba y que se reflejaba por la tibia luz frontal del coche. La sensación térmica se veía gravemente influida por un desapacible viento del norte que cortaba la respiración y que impregnaba de humedad el aire, se aventuraba agua nieve o puede que incluso algo de nieve. Un cielo raso permitía ver las casi 4.500 estrellas que dicen se observan con cierta claridad en una noche no contaminada de luz artificial desde cualquier parte de nuestro globo terráqueo. Tres estrellas especialmente luminosas destacaban del resto.

Eran las cuatro de la mañana y tocaba revisar a los reproductores de rodaballo para garantizar las puestas, esenciales para la planificación de la producción de la temporada. En los días anteriores se habían hecho varias tentativas y todo indicaba que entre las cuatro y las seis de la mañana se producía el mejor momento para lo obtención de los mejores ovocitos.

Teníamos la sensación de ser un prototipo de muñeco Michelin. Gorro de lana, dos pares de calcetines extra gruesos, camiseta térmica y un polar de alta densidad se añadieron al equipo que habitualmente usábamos para el manejo de los reproductores como eran unas botas de cuerpo completo y un mandil de lona reforzado. Lo que no tenía remedio era la inevitabilidad de mantener las manos desnudas, a lo sumo con unos guantes de cirujano, para facilitar el palpado y la extracción de los huevos. Sólo de pensarlo ya nos dolían lo dedos y por delante teníamos cuatro lotes con más de veinte ejemplares cada uno. Iba a ser duro, así que dispusimos un termo de café con leche bien caliente al lado de la mesa en la que íbamos a trabajar con el objetivo de evitar la congelación de alguna de nuestras articulaciones.

Decidimos tomarnos el primer café con el objetivo de subir varios grados la temperatura corporal, ¡qué ilusos!, y afrontar lo que teníamos por delante. Con la lengua y el paladar medio quemados nos acercamos a la primera piscina para echar un vistazo a los peces. Eran evidentes los signos de maduración en la mayoría de las hembras, algunas extraordinariamente grávidas, por lo que el madrugón iba a ser beneficioso, sin duda. Efectivamente lo fue y en apenas dos horas dispusimos de casi dos litros de huevos fecundados de una calidad asombrosa. Brillaban a la luz del foco de la linterna usada para ver las impurezas mientras flotaban agrupados en el acuario que usábamos para desinfectarlos antes de pasarlos a los tanques de incubación. Eran apenas las seis de la mañana y un tenue halo albero empezaba a insinuarse, aunque apenas distinguible en la negrura de la noche que se quería escapar. Respiramos profundamente, el aire hacía daño, y tras el descanso volvimos a la sala de incubación para completar la tarea.

En la temprana quietud de la mañana los sonidos del criadero son diferentes. El leve zumbido de las bombas se hace estridencia, el caer del agua en las piscinas y tanques iguala al de una cascada salvaje de varias decenas de metros, el borboteo producido por el aire o el oxígeno es como el bullir de cacerolas en un restaurante en plena hora de comidas, el ulular del viento que se cuela por entre las rendijas se torna huracán y cualquier alteración se multiplica sonoramente generando efectos diversos y sorprendentes modificando nuestra percepción y multiplicando las referencias habituales. Aun y con todo este universo sonoro no nos costó distinguir el chapoteo procedente de los tanques ocupados con reproductores de dorada, una clara indicación de que se estaba iniciando la freza.

En el caso de las doradas era habitual recoger puestas a primera hora de la mañana pero que al ser examinadas se apreciaba que eran restos de una puesta tardía del día anterior o huevos de mala calidad procedentes de alguna hembra un tanto descontrolada. Por eso nos extrañó y, con mucho cuidado, abrimos la ventanilla de control instalada en la pared del tanque para vigilar los peces sin alterarlos en demasía. Efectivamente se estaba dando un momento de álgida comunicación sexual y pudimos ver como las hembras, que nadaban en círculo perseguidas por varios machos, soltaban los huevos que de inmediato eran fecundados en medio de una nube de agua lechosa, sin duda esperma deliberadamente expulsado. Decidimos esperar un poco de tiempo hasta que salieran los huevos por el rebosadero y poder comprobar el porcentaje de fecundación y su calidad. Estábamos en ello cuando un nuevo ruido nos alertó.

Procedía de los tanques situados a nuestras espaldas pero que disponían de acceso en un pasillo paralelo al que no se podía acceder si no era cruzando toda la planta. Correspondía a los tanques con reproductores de lubina que estaba previsto iniciaran su maduración en breve. Normalmente las lubinas son silenciosas y no suelen realizar las acrobacias sexuales de las doradas, aunque tampoco mantienen la pasividad procedente del que me lo hagan todo de los rodaballos. Hay que proporcionarles cierta ayuda. Lo normal es realizar una biopsia para ver el estado de evolución de la maduración en la que se canulan a las hembras y se extrae una muestra de los ovocitos. De esta forma se sabe el estado de desarrollo y si se observa que hay cierto estancamiento se recurre a una inyección o un implante de GnRH, hormona liberadora de la gonadotropina que ayuda a la liberación de la puesta.

Pero esta actuación no estaba programada hasta dentro de casi dos semanas y no disponíamos de evidencias de que ese lote estuviese en condiciones, de ahí la sorpresa de los sonidos que indicaban exceso de movimientos en los tanques. Experiencias pasadas, que nos lo diga el mejor amigo de Serafín, nos habían enseñados que hay multitud de factores incontrolados que pueden alterar el comportamiento reproductor y, escamados por estos sucesos, lo primero que pensamos es que algo malo estaba sucediendo. Nos dirigimos con urgencia a la zona de acceso a los tanques y cual fue nuestra sorpresa cuando observamos huevos en los salabres situados en las cajas de recolección, normalmente situadas justo al lado de la puerta de acceso. Tomamos una muestra con un vaso de precipitados y enfocamos al contraluz del haz de la linterna. Transparentes, brillantes, hermosamente limpios y... fecundados, hasta se podía observar la línea que define el embrión.

Amanecía y tres estrellas conservaban el brillo en nuestro pedazo de firmamento sin saber que esa noche los ocho planetas que conforman nuestro sistema solar se habían alineado dentro del mismo cuadrante.

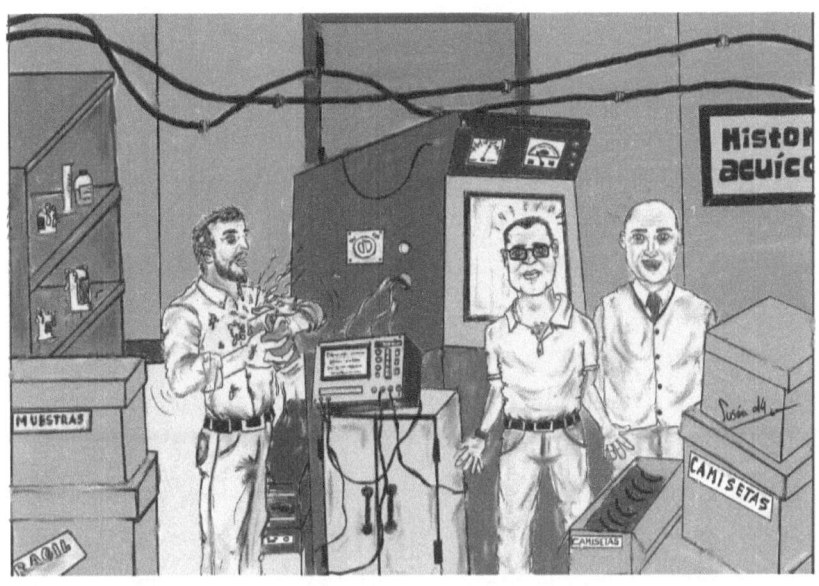

Vacúnemelas de lo que sea

Hacía tiempo que el gin de Mahón servido en frascos para la obtención de muestras de orina (vamos de los de hacer pipí de toda la vida) se había convertido en la única manera de sobrellevar, más bien de soportar, la hecatombe que el brote de pasteurella nos estaba produciendo.

En poco más de una semana habíamos perdido el ochenta por ciento de la producción y era tan dolorosa la imagen de las larvas girando en torno a sí mismas, hacer una virulé y volver a girar para al cabo de unos segundos caer muertas al fondo del tanque, que empezamos a no querer verlo. Toda la ilusión del trabajo bien hecho se desvanecía en la nada más absoluta. Era tremendamente doloroso, pero lo peor era la impotencia y el desconocimiento de qué es lo que había provocado algo tan atroz.

Hasta tal punto dolía que decidamos aceptar nuestra ignorancia y recurrir a lo que fuese para parar la hemorragia. Apenas si nos quedaba sangre y empezábamos a notar una debilidad rayana en la anemia.

En realidad, daba casi igual la causa o el posible error de procedimiento que había hecho que una instalación modélica como la nuestra, perfecta (bueno, casi perfecta, era obvio) en cuanto a gestión sanitaria, de golpe, sucumbiese al demoledor efecto de esta bacteria. Algo tan pequeño. Maldita sea. De haber sido creyentes lo habríamos asociado con alguna de las plagas bíblicas, sólo que esta era real.

Lo que ahora tocaba era rehacerse de las cenizas, como ave Fénix, y retomar el vuelo con todas y cada una de las nuevas medidas. Olvidarse del pasado y afrontar un nuevo futuro. Cierto. Pero antes estaba el presente. Nuevo lingotazo de gin. Escurrimos la botella y echamos la vista atrás, rememoramos intentando encontrar el consuelo. Pero, ¿cómo se consuela uno del desastre absoluto, de la más terrible de las devastaciones?

Con humor. Con mucho sentido del humor. Dejemos la resignación, los actos de constricción y la penitencia para los creyentes. Aunque en el fondo hubo un poco de todo. La resignación junto con el humor puede llegar a confundirse con la fe y, ya se sabe, de ahí al abismo no hay nada.

No habían pasado ni cuatro meses de un reciente viaje a Portugal en el que el cliente se nos quejaba amargamente de que sus peces se morían porque no habían sido vacunados. Coincidía, esa apreciación suya, con la visita de un comercial de una famosa empresa internacional de vacunas que estaba intentando introducirse en Europa y le había dejado un panfleto y varios informes.

Así como un par de artículos de prensa, en los que se demostraba, sin lugar a equivocaciones, que vacunar a los peces y por supuesto, vacunarlos con su producto, no sólo aseguraba el éxito total, sino que además le regalarían una magnífica colección de camisetas y gorras para todos sus empleados, así como unos magníficos chalecos para el invierno.

Ah, al propietario, el regalo que se le entregó era algo más sustancioso, nos lo mostraba con cierta ironía que venía a querer decir: "Estos tíos sí que saben, eh. A ver si aprendéis". Del producto no hablamos.

Bien, ante tal tesitura, dijimos que sí, que por supuesto que le vacunaríamos a los peces, sólo que respecto a utilizar la vacuna que proponía...

Había varias opciones como por ejemplo coger una muestra de sus peces moribundos, enviarlos a la Universidad de referencia, hacer varios análisis, identificar el patógeno y encargar la fabricación de una autovacuna de acuerdo a la cepa que obtuviésemos. Si todo iba bien en un mes estaría hecho. La otra opción, tal y como nos dijo: "Bah, tonterías vacunármelos de lo que sea, pero con la de estos, eh. Que estos tíos sí que saben".

Hombre, lo que sea, lo que sea... No es que fuese una definición muy exacta, pero desde luego sí que era contundente en cuanto a con qué.

Era evidente que la vacunación había pasado de ser una moda a una necesidad, pero esta necesidad no estaba del todo bien soportada con el conocimiento científico del momento. Por muchas camisetas y gorras que se regalasen... y alguna que otra cosa de más valor, que todo hay que decirlo, eh.

Tocaba ponerse al día, así que montamos una reunión de emergencia en compañía de otras empresas con problemas similares y con especies totalmente distintas para ver cómo podíamos actuar. Estas comisiones son como son, a veces son rápidas, otras interminables, en algunas se habla de fútbol y de mujeres, en otras sólo... de fútbol, malpensados. En esta se habló de cosas serias, tan serias que posiblemente de allí nació la nueva manera de afrontar el cultivo acuícola mundial. Tan serias que de no haber sido por esa comisión hoy, hoy, hoy... bueno dejemos las exageraciones.

Pero sí, fue tan seria que se conformó un grupo de trabajo integrado por dos de los expertos más reconocidos, los mejores según quedó constancia en el acta (lástima que se extraviase, ya que si no la habría adjuntado a esta historia para dar fe de ello. ¡Este Alfonso!). Quedó constituida por Rodolfo y Alfonso (R&A), que un servidor sólo hace de cronista.

Tras una profunda y severa discusión se llegó a la conclusión de que, para empezar, se requería hacer una auditoría a los centros de investigación que habían iniciado el proceso de aislamiento de las cepas y la fabricación de las vacunas, entre ellas la de nuestra tan temida y odiada pasteurella. Objetivo, validar los procesos y garantizar que su uso no constituiría ningún riesgo para los usuarios, contribuir a mejorar la supervivencia larvaria y cómo no, garantizar la viabilidad empresarial.

Tal vez no fuese tanto, pero creo que todos así lo pensamos. Que luego ya veríamos, pero casi seguro que yendo juntos podríamos obtener una buena rebaja en el precio, o por qué no, lo mismo que le regalaban a nuestro anterior empresario. Qué mala es la envidia.

Después de un análisis exhaustivo se llegó a la conclusión que sólo un organismo de investigación (bueno en realidad dos, pero uno de ellos no cuenta) estaba en proceso avanzado y los resultados presentados eran de una contundencia más que considerable. Daban ganas de besarlos.

R&A, que se tomaron muy en serio su cometido, organizaron meticulosamente la misión que se les encargó. Leyeron casi todo lo que se había publicado, consultaron a los más famosos y reputados patólogos del momento (los eméritos doctores P. A. Dros y Z. Arza, ya conocidos de los lectores), enviaron una encuesta a todos los centros de producción, seis para ser más exactos, tampoco había más, con la que elaboraron un extensísimo cuestionario de mil quinientas preguntas, algunas con mucha mala baba, que todo hay que decirlo (como que si se incluían no sé qué regalos...) con el que realizar la auditoría.

Aun y con todo se eliminaron cerca de cuatrocientas por improcedentes y en algunos casos hasta soeces. ¡Es que hay cada técnico en este mundo de la acuicultura! De cultivados, poco.

Encuesta en mano, desbordando ilusión y pletóricos por hacer bien su trabajo, se citaron en Madrid. Cada uno venía de una punta del país e irían juntos a otra de las puntas. Durante el viaje tuvieron oportunidad para hablar en profundidad, dar algunos retoques a las preguntas, eliminar algunas, pensaron que mil quinientas eran excesivas, así que lo dejaron en mil cuatrocientas setenta y ocho. Ahora sí, ahora sí que estaba como querían.

Sabían que iban a auditar a un grupo experto que llevaba varios años centrando su actividad en el estudio de patologías y la elaboración de vacunas y de reconocido prestigio internacional. No sólo eran reconocidos por lo anterior, sino también por sus excelentes trabajos en profilaxis y control de la producción. Ahí es nada. No había bicho que se les resistiese y que no fuese adecuadamente identificado, etiquetado y guardado. Eran envidiados hasta por los japoneses.

Llegaron a la hora pactada, R&A fueron recibidos cordialmente. Nada más abrir la puerta del despacho algo les llamó la atención, digamos que la teoría del caos seguramente tuvo un origen, digamos que en algún momento alguien debió realizar una serie de ensayos experimentales para verificarla, o no. Digamos que, si ese lugar pudiera existir, este despacho podría ser perfectamente el centro experimental en el cual se llegó a la conclusión de que la teoría era cierta y que posiblemente hasta imprecisa. Seguro que existe un ente superior que la controla y determina. Digamos que el ente habitaba ese despacho.

Pero ya se sabe que las primeras impresiones sueles ser engañosas y que dejarse llevar por ellas es tanto como prejuzgar sin evidencias, aunque sean muy claras. No, no lo hicieron y decidieron proceder con la encuesta.

Sobre la pregunta setecientos, más o menos, llegó el momento de abandonar el despacho e ir al centro de producción de las vacunas.

Es increíble lo que ha evolucionado el conocimiento científico humano en los últimos dos siglos. Resulta evidente que los procesos de momificación en el Antiguo Egipto, aquellos que buscaban evitar la putrefacción y asegurar la conservación, y que se remontan a más de 3500 años, no empezaron siendo un alarde de profesionalidad y que casi con toda seguridad algunos cuerpos se les debieron pudrir hasta que dieron con ello. Pero tenía su eso, vamos, que cuando lo dominaron es evidente que lo hicieron bien, que ahí están las películas de La Momia para dar fe de ello.

Muy posiblemente en la edad media, en Europa concretamente, no se avanzó demasiado. Más bien eran algo chapuceros y los manuales científico-medico-barberiles, al ser de origen chino o árabe en su mayoría, bien por herejía, bien porque los traductores no debían tener ni idea no acabaron de ayudar mucho. Pero debemos disculparlos ya que entre pestes bubónicas y gripes mal diagnosticadas la mitad de la población se fue al carajo.

No vamos a alardear de conocimiento científico histórico, pero resulta evidente que durante la Edad Moderna y sobre todo a partir del Siglo XIX los avances han sido tantos y tan significativos que si hoy estamos vivos es posiblemente debido a lo que en esos momentos se descubrió y que se puede sintetizar en dos palabras, limpieza y orden. Bueno, también una adecuada alimentación y una correcta distribución de la riqueza y un equilibrio entre los países… Vale, dejémoslo.

Limpieza y orden. Dudo que los egipcios carecieran de ello, seguro que los europeos de la edad media sí que carecían, seguro. Dudo mucho que los árabes o los chinos no hicieran uso de esos principios. Evidentemente Pasteur lo clavó.

Sin embargo, ¿cómo era posible que algo tan elemental no se diese en ese centro de producción? Limpieza, limpieza no es que no hubiese, pero si la había era evidente que quedaba sepultada por una cuasi filosófica manera de entender el orden. Tal vez en el origen del universo, tal vez en ese momento "cero" en el que todo estuviese tan, tan ordenadito que diese gusto, porque lo que vino después… es lo que pasó en ese laboratorio. R&A entendieron de inmediato el "Big Bang", aunque ante lo que tenían por delante, lo de cataclismo cósmico les parecía un poco exagerado. Los físicos que se aburren y tienen que poner nombre a todo.

Lo del Universo es fácil, ha tenido como 10.000 o 20.000 millones de años para desordenarse. Lo que se observaba en este laboratorio era consecuencia de apenas 10 años de trabajo. Si la teoría del big bang tiene muchas preguntas sin responder, que se acerquen unos días a este laboratorio, que de bien seguro las fundamentales quedarán resueltas.

R&A que son hombres de mundo y que han visto y vivido mucho no se dejaron abrumar por el panorama. Todavía quedaban muchas preguntas y estaban ante las más importantes. Aquellas que suponían un reto formidable. ¿Cómo nos aseguran que cuando usamos sus productos no hay ningún riesgo de contagio?

"Bah", dijo nuestro anfitrión mientras cogía uno de los botes de vidrio que tenía rotulado con las palabras "vacuna para peces". "Los procesos que usamos", continuó, "son de una seguridad a prueba de bombas". Mientras hablaba estaba agitando fuertemente el bote. R&A se miraron uno a otro y dieron un paso atrás, parecía como si aquello fuese a explotar.

"Tranquilos", dijo, "que esto está sellado". Le dio la vuelta al bote, agitó y… todo el producto que había dentro, un líquido blanquecino y viscoso, le cayó encima. La bata, los pantalones y los zapatos hechos una ruina. R&A totalmente salpicados. Alguien desde atrás gritó, "no seas bur…" No acabó la frase. Era el Jefe.

"Tú, trae el mocho y limpia esto. Voy a cambiarme de bata y seguimos".

Faltaban 525 preguntas.

Ciencia por aproximación

El tutor había citado a los padres de Germán a las cinco de la tarde para hablar del rendimiento académico de su hijo. Les había hecho saber que estaba preocupado ya que, sin saber exactamente por qué, Germán tenía una actitud desconcertante en su asignatura, matemáticas.

A las cinco en punto entraban por la puerta de su despacho, una sala sencilla de un instituto medio, de un pueblo medio, de una España media. El profesor empezó tranquilizándolos, Germán era un alumno excelente, educado, con un comportamiento ejemplar, considerado con sus compañeros y con los profesores, proactivo en clase y siempre atento. Se diría que incluso tenía un punto extra por encima de la media de la clase, pero... eso era precisamente lo que le preocupaba.

Los padres le miraron con expresión de no entender absolutamente nada, no por el hecho de tener quejas de su hijo, jamás se habían producido y sabían que era buen alumno, ellos se habían preocupado y esforzado por que fuese así. Por lo tanto, ¿a qué venía ese "pero" ?, ¿por qué se veía tan contrariado a un profesor con un alumno, digamos, de los que gusta tener en clase?

El profesor les dijo que no tenía ninguna duda de la capacidad de compresión de su hijo. Les comentó que estaba convencido que entendía a la perfección las nociones y que era capaz de asociar perfectamente los enunciados de los problemas y vislumbrar de inmediato las soluciones, pero...

Otra vez ese maldito "pero". Los padres no salían de su asombro e insistieron en que, por favor, les explicase sin rodeos qué era lo que sucedía. Ciertamente empezaban a preocuparse.

... es que jamás acierta un resultado. He comprobado, en todos los exámenes de este año, que suele quedarse muy, pero que muy cerca de la respuesta adecuada, pero nunca da el resultado correcto. Esto es complejo porque en muchas ocasiones, llegar siquiera a dar un resultado aproximado sólo se consigue mediante un buen análisis y una metodología acertada. El no hace nada de esto y es precisamente lo que me preocupa porque me dice que hace "matemáticas por aproximación".

La cara de estupor de los padres pedía a gritos una ampliación de la respuesta, suplicaban una aclaración, deseaban entender, era evidente que necesitaban comprender a su hijo y, evidentemente, al profesor.

"He hablado con su hijo y me dice que en cuanto lee el enunciado, casi de forma inmediata obtiene la solución, no le interesa el resultado en sí, el valor numérico como respuesta, sino el ser capaz de dar respuesta a algo complejo. Una vez hecho este análisis la respuesta correcta pierde importancia y en ese momento deja de tener sentido el esfuerzo que debería realizar para llegar a la solución exacta. Sin embargo, lo más curioso es que me dice que como sabe que debe decir algo, para evitar perder tiempo coloca el resultado aproximado y ahí lo deja", les dijo el profesor.

Germán, con el tiempo y con una tremenda disciplina destacó como uno de los mejores estudiantes, abandonó las matemáticas y acabó siendo un bioquímico de prestigio que tras un máster y un post doctorado en una universidad de prestigio, por diversos motivos incomprensibles, acabó dedicándose a la acuicultura... Desgraciadamente no perdió el hábito de hacer "ciencia por aproximación".

Todo es química y en acuicultura un poco más, es bioquímica. No es que sea necesario que todo esté ajustado al máximo, de hecho, no lo está casi nada.

Formulamos piensos aproximados, aplicamos productos de forma aproximada, se consigue reproducir a especies en las que, aproximadamente, se sabe lo que se hace, pero que sin embargo las respuestas, generalmente, no son del todo concluyentes. Usamos agua, cierto, pero con una composición aproximada que cambia según la zona, la época del año, la profundidad a la que se capta e incluso en función de cómo se procesa. Cambiamos a las personas, que no dejan de ser una forma compleja de química.

Observamos la microbiología, la biota y sus cambios. Los anotamos y analizamos y en función de los resultados proponemos cambios en las diferentes fases del proceso productivo que a veces dan resultados y otras no. O sea obtenemos respuestas aproximadas a problemas complejos y multifactoriales. Vamos, como la vida misma.

En este mundo Germán se sentía como "pez en el agua". Había necesitado cinco años de estudios universitarios, dos de becario, dos de doctorado, uno de máster y otros tres de postdoctoral para darse cuenta que su vocación, su razón de ser, la forma en la que desde niño entendía el mundo, era real. ¿Qué son 13 años si al final se tiene lo que uno tanto ha deseado?

Descubrió, rápidamente, que cada vez que leía un artículo científico encontraba muchas más dudas que aclaraciones, muchas más preguntas que respuestas, muchas más incógnitas que soluciones. Y si esto le pasaba a él, qué no les ocurría a los técnicos responsables de la producción, de la dirección técnica, a los encargados de tomar decisiones que podían afectar a toda una campaña, aquellos héroes que debían ser capaces de traducir ese mundo impenetrable de las publicaciones científicas en números para presentar ante un Consejo de Administración ávido de resultados, positivos claro.

Ahora era un reputado científico que publicaba con asiduidad en las revistas más prestigiosas, era solicitado por los editores ya que, cada uno de sus trabajos, solía propiciar un aluvión de alabanzas y críticas.

Cosa que iba muy bien para el negocio editorial. Alabanzas por lo acertado del planteamiento ante lo complejo de muchos problemas, era innovador y transgresor, era capaz de ver cosas que nadie más veía. Críticas porque era imposible llegar a los resultados que proponía. No es que fuesen extraños, no llamaban la atención por su rareza, es que eran siempre aproximados.

Esto, que irritaba sobre manera a la comunidad científica, encantaba a los profesionales de las empresas acuícolas. Hartos de replicar en sus instalaciones propuestas interesantes, pero sin conseguir jamás un resultado, siquiera aproximado, ahora eran capaces, gracias a los postulados de los trabajos de Germán, de hacer cosas todavía más extrañas y trasgresoras, pero con la confianza que los resultados serían, más o menos, aproximadamente los mismos. Ah, y con una consistencia espectacular.

Sus trabajos estaban revolucionando la acuicultura. Poco importaba que se usase una especie u otra. Poco importaba que fuesen larvas, alevines, juveniles o adultos. Tanto daba si eran peces, moluscos o crustáceos. Bien de agua dulce o salada.

Poco importaba la forma en la que se formulaba una dieta u otra, en definitiva, casi no importaba la descripción de su "material y métodos". Lo que era brillante, realmente brillante, era la forma en la que se acercaba a los problemas y proponía las soluciones, que como ya hemos dicho eran aproximadas.

Su método que dio en llamar *"Be fish, my friend"* y que tradujo libremente como *"piensa con claridad y utiliza el sentido común"* alcanzó cotas de tremenda aceptación. Se convirtió en un gurú al que las empresas contrataban para enseñar a sus empleados a pensar como peces, a ser peces, a entender a los peces.

Era invitado por las universidades más prestigiosas, los centros de investigación, institutos y organizaciones de medio mundo para motivar a los investigadores. Ciertamente, no es que tuviese mucho predicamento, pero como casi todas se habían privatizado y ahora tenían un gerente profesional, éste pensaba que lo que servía para la industria privada también debería servir para ellos. Que ya estaba bien de estar encerrados en el laboratorio y que eso de "pensar como pez" sonaba bien. Vendía bien.

De esta manera casi se consiguió reproducir a la anguila, casi se obtuvieron puestas de atún rojo en tanques, casi se consiguió que una centolla creciese en menos de 10 años, casi no se morían las larvas, casi no de deformaban, casi no se perdía dinero en las empresas, casi...

...casi, pero esto no es más que otra Historia Acuícola.

La tortura del fin de semana

Cuando en 1949 Edward A. Murphy Jr. harto de fracasar con sus cohetes dijo aquello *"si algo puede salir mal, saldrá mal"*, se olvidó de añadir que fuera lo que fuese que sucediese este hecho se produciría, inexorablemente, durante el fin de semana o víspera de fiesta de guardar. Que iba a suceder, lo sabíamos. No es que tuviésemos una actitud pesimista es que nos habíamos resignado a que pasase y vaya si pasaba. Lo que nunca podíamos ni imaginar era lo que iba a suceder.

Eran las 17:00 horas del viernes, estábamos recogiendo para marchar a casa y disfrutar de lo que prometía ser un fin de semana tranquilo tras una semana intensa pero muy fructífera.

Desde la oficina, Titina nos llamó con urgencia. Acababa de entrar un fax procedente de la Consejería. Malo, nadie en la Consejería trabajaba un viernes por la tarde, a no ser que...

En su encabezado se indicaba: *"Muy urgente"* y se especificaba que, al día siguiente, a las 9:00 de la mañana, nos iban a realizar una inspección de urgencia junto con las autoridades sanitarias y otros organismos de ámbito nacional.

El motivo de la inspección era una alerta que había salido desde la oficina de la Agencia Española de la Seguridad Alimentaria, pero que venía directamente de la Red de Alerta Comunitaria Europea y que afectaba al pienso fabricado por una empresa muy conocida (GÜEWOS) de la que éramos clientes. A las autoridades les constaba y así era, que habíamos adquirido varios lotes. Cierto, eso siempre se especificaba en los documentos de importación y además era de declaración obligatoria. Buena trazabilidad.

La alerta indicaba que, en las muestras de pienso analizadas el día anterior en un laboratorio belga, se habían encontrado niveles de cadmio que estaban por encima de lo permitido. Realmente extraordinario el sistema de alerta y muy eficaz.

Sin embargo, el fax no acababa ahí, sino que continuaba: *"(...) por lo que se deben arbitrar medidas para asegurar el precintado y aislamiento de todo el pienso procedente de dicha empresa, así como la identificación, confinamiento e inmovilización de todos los peces que lo hayan comido".*

Tras varios párrafos confusos de explicaciones respecto a los diversos reglamentos y legislaciones a los que afectaba, hay que ver lo buenos que son los funcionarios europeos, finalizaba diciendo: *"(...) y para que todo se haga como se debe el SEPRONA se personará de inmediato en la instalación para certificar que, de forma veraz y efectiva, se han arbitrado las medidas reglamentarias y solicitar y requerir la documentación necesaria para la inspección del día siguiente".*

Enrique dijo: "pero qué coñ...".

Ringggg...

El SEPRONA estaba en la puerta.

Eran dos guardias civiles de magnífica crianza. Venían con un gran portafolio y con un rollo de cinta plástica verde y blanca (colores corporativos de la Guardia Civil) con el susodicho nombre impreso. Se presentaron. Nos presentamos.

Viendo que los representados allí disponían de la autoridad competente, procedieron con el expediente, que venía a decir:

"En el día de autos, o sea hoy, a las 17:37 horas de la tarde (obvio usaban el formato de 24 horas) *y ante la presencia de los señores Enrique Faro* (Enrique siempre estaba, fuese la hora que fuese, del día o de la noche. Nadie sabía cómo, pero siempre estaba) *y Juan Gacirría* (lo pillaron por los pelos, pues ya estaba montado en su coche para marchar, pero le picó la curiosidad y, ya se sabe, la curiosidad mató al gato... ¿o fue Treto?, bueno, continuemos) *se procede a instruir las diligencias oportunas contra*

(¿cómo contra?) *la empresa TODOPESCAO, S.A. como consecuencia de la medida cautelar promulgada por el señor juez instructor del Juzgado de Instrucción número 1 a estancias de la Agencia Española de la Seguridad Alimentaria* (todo esto ya lo traían escrito, eh), *para que se proceda a la identificación, inmovilización y aislamiento de los piensos que de la empresa GÜEWOS y de fechas* (tal, tal y tal), *así como de los peces que hayan comido de los susodichos piensos. Y para que conste...*

Nada más y nada menos que millón y medio, unos veinte tanques vamos. La mitad de la producción. Los más pequeños apenas medio gramo, los más mayores algo más de cinco gramos.

A Enrique le empezó a cambiar el color de la cara, la mala hostia que le estaba viniendo era sólo comparable con los arrebatos de mala hostia que habitualmente le venían y cuando le venían, mejor no estar cerca. Todo el mundo era conocedor de ello. Los guardias civiles, no.

"*¡Pero qué coño!, con perdón, pero ¡qué recoño! Cómo vamos a aislar e inmovilizar a todos estos peces. Lo del pienso, pase, en el almacén ya habilitaremos algo, que sitio hay de sobras, pero lo de los peces... me temo que como no se queden a dormir aquí y vigilar hasta mañana a las 9:00 no hay nada que hacer. Y yo no me voy a quedar atado a los tanques, no señores*".

Los guardias civiles se miraron uno al otro. Sus órdenes estaban claras, debían identificar, inmovilizar y aislar pienso y peces. Efectivamente lo del pienso lo vieron claro, pero lo de los peces… A uno le iba a tocar quedarse de guardia toda la noche y hacer honor al epíteto de la descripción de su cuerpo. Dicho y hecho, lo echaron a suertes y le tocó al de siempre. Este guardia pensó y aunque no lo dijo no hizo falta porque se le veía claramente en la cara: "*¿Cómo coño lo hará?*".

Como media de urgencia se habilitó uno de los espacios del almacén y allí se trasladó todo el pienso que teníamos en ese momento de la empresa GÜEWOS. Hubo que hacer una batida por la instalación e ir retirando todo aquel que estaba en los comederos. Aunque estaba bien identificado en la orden diaria de alimentación, ¡joder! ya eran casi las 20:00 horas del viernes. Total, que bien organizados, en apenas una hora todo había quedado perfectamente identificado, inmovilizado y aislado. ¿Todo? No. Evidentemente faltaban los peces.

Se inició una discusión sobre cómo podría ser la mejor manera de realizar el proceso. Un guardia dijo: *¿Por qué no los juntamos todos?* Hubo que retener entre cuatro a Enrique que ya estaba forcejeando con el otro guardia civil para quitarle la pistola. No sabemos qué hubiera pasado si llega a conseguirlo. De su boca salieron unos cuantos improperios, algunos de ellos tenían que ver con la madre del guardia, otros con el cuerpo al que servía y algunos otros hacían referencia a un elevado conocimiento del santoral. No éramos conscientes de esa faceta piadosa suya.

"*Mejor lo dejamos*" dijo el que estaba apurado viendo que su autoridad se había puesto en entre dicho, incluso aunque llevara pistola, y más que posiblemente impresionado por las veleidades que acababa de escuchar. *"Vamos a calmarnos, que el que se va a quedar aquí soy yo. Así que ponemos un trozo de nuestra cinta en la entrada y con eso ya vale"*. *"Con eso ya vale"*, asentimos todos. Y así fue.

A las 9:00 en punto de la mañana del día siguiente se personaron las autoridades. Todas y cada una de las autoridades. Era un asunto inusual y veníamos de un periodo en el que se habían sucedido demasiadas alertas sanitarias. A la peste porcina, le siguió la gripe aviar y al poco tiempo el tema de las vacas locas, para de nuevo volver a resurgir un caso de peste porcina. Evidentemente no era para dejarlo correr y hemos de admitir que la seriedad con la que se tomaron este asunto sorprendió a todo el mundo.

"A la orden" fue el saludo de unos de los guardias civiles ante en que aparentaba ser el representante de mayor rango, que resultó ser el funcionario de la comunidad, responsable del departamento de sanidad, encargado de levantar acta. El guardia miró a quien lo acompañaba y como disculpándose volvió a saludar, *"a la orden"*. Este dijo que en realidad era el cuñado del anterior pero que como era sábado lo había acompañado para no dejarlo solo y que en cuanto acabasen se iban a pasar el fin de semana con la familia.

Atónito y no viendo a quién más presentarse a la orden, no se dio cuenta que por detrás suya aparecía todo un séquito de funcionarios que, armados de papeles y documentos, venían de la oficina de seguridad alimentaria, de la agencia de consumidores, de centro nacional de toxicología, de la agencia de productos alimentarios para destino animal, de la oficina para la vida digna de los peces y de la agencia no gubernamental pienso sin fronteras. Eso sí todos acompañados de sus respectivos cuñados y algún que otro familiar. En apenas unos minutos casi veinte personas se habían presenciado.

Los guardias ofrecieron un *"a sus órdenes"* general e indiferenciado y mirando de reojo a Enrique, que estaba al borde de mandar a la mierda a todo el mundo y cagarse en lo que fuera posible, decidieron asumir el mando y poner orden. *"Sólo los funcionarios"* dijeron intentando hacer ver que eran los que mandaban. Los familiares directos y los cuñados protestaron, pero nos les quedó más remedio que aceptar. Enrique daba miedo.

En tropel se dirigieron al almacén. Cada uno de ellos quiso coger una muestra del pienso para analizarlo, casi vaciaron un saco de 25 kilos. Arrancaron una de las etiquetas, en total siete, si contamos con la que ya habían cogido los guardias. Pidieron copia del documento de importación, de la agencia de la aduana, de la entrada en planta, de la anotación en el registro interno y hubo una gran pelea por ver quien se hacía cargo de la consulta en el ordenador. Afortunadamente la copia en un lápiz USB pasó a constituir una prueba que custodiaría el SEPRONA y que pondría a disposición del Sr. Juez. Que si alguno de los presentes requería de ella que se dirigiesen al juzgado y que procediesen a la solicitud reglamentaria. Protestaron. No se admitió la protesta.

Todos verificaron que el pienso estaba perfectamente identificado, inmovilizado y aislado y que las cintas, verdiblancas y reglamentarias, de la guardia civil delimitaban el perímetro perfectamente. Sacaron multitud de fotos. Anotaron escrupulosamente en sus dosieres, adjuntando y numerando cada uno de los documentos entregados, para que una vez verificados Enrique les firmase conforme todo lo allí expuesto era lo correcto.

Hay que destacar que cada organización tenía un procedimiento diferente de anotación. Un sistema de nomenclatura particular que habían transformado de manera que el nombre y la documentación aportada se ordenaba según un código propio y que hacía que la validación de la asignación de los códigos de los documentos originales fuese arduo y complicado. La hostia de complicado. De hecho, la mitad se habían confundido y la otra mitad estaba confundida. En el ambiente se olía a sangre. Sangre de funcionario.

Finalmente, y tras llegar a un acuerdo y aceptar, a regañadientes, un pacto para que la nomenclatura fuera uniforme, se procedió a la firma. Enrique recibió siete copias firmadas por cada uno de los funcionarios y se dio por finiquitado el asunto en cuanto a los piensos.

Eso sí, bajo ningún concepto podían ser utilizados hasta recibir la analítica del laboratorio al que se enviarían y tras determinar cómo debería procederse según el reglamento interno de cada uno de los organismos. Debemos recalcar que nos llamó la atención un hecho particular, las siete muestras iban a ser enviadas al mismo laboratorio y... para ello utilizaron exactamente el mismo documento.

"Tranquilo, Enrique, tranquilo. Son las doce del sábado" alguien dijo.

Nos dirigimos hacia el invernadero en el que se encontraban los peces. El guardia de guardia seguía en la puerta y nos alzó la cinta que impedía el paso para que pudiéramos pasar. Podría decirse que emitió un suspiro de alivio. Pero no fue así, sobre todo cuando vio lo que se le venía encima.

Como la noche había sido larga y aburrida no se le ocurrió otra idea que precintar todos y cada uno de los tanques con la reglamentaria verdiblanca cinta. Lo había hecho con primor y elegancia de tal forma que el impacto que causaba ver los veinte tanques "empaquetados" era curioso al tiempo que llamativo, por decir algo.

"La hostia puta" comentó conmocionado Enrique, *"pero qué cojones ha hecho este tío"* añadió aun con más emoción. El guardia, que no lo había oído, hacía las veces de sacar pecho como diciendo: *"¿Qué? Ahí es ná"*.

No hubo comentarios, bueno, tal vez un *"por dios, por dios, por dios"* pero muy por lo bajo, sólo audible por el propio Enrique.

Todos los funcionarios felicitaron efusivamente al guardia de guardia por el extraordinario trabajo de identificación, inmovilización y aislamiento realizado, agregando lo mucho que ese procedimiento iba a ayudar a la realización del suyo.

El guardia de guardia se cuadró y ahora sí, exhaló el hondo suspiro de relax y satisfacción. Hizo un gesto gentil con la mano invitando a todos a acceder a la zona.

A lo lejos se oyó a algún familiar, posiblemente un cuñado, gritar a pleno pulmón *"espabila que son cerca de la una y que no vamos a llegar, que la comida es a las dos"*. Decir eso, ser sentido, y un run-run estomacal se disparó entre los presentes. Era como si una manada de leones hambrientos hubiera detectado una presa en la llanura del Serengueti.

Se apreció de inmediato un cierto frenesí ansioso entre los funcionarios y con la velocidad del rayo se pusieron de acuerdo para distribuirse los tanques, levantar acta e intercambiarse documentos. Que tampoco tenía por qué ser en ese mismo instante que ya estaba bien que fuese el lunes por fax, que tampoco era tan importante que fuesen originales que con la firma de Enrique ya bastaba.

¡La que estuvo a punto de armarse! Enrique pegó un grito que dejó a todos callados, mirándose unos a otros y como si el mismísimo diablo se les hubiera aparecido para quitarles la presa, con lo que ya babeaban. Tragaron saliva y pararon de inmediato los runrunes de los estómagos. Hasta al cuñado gritón se le quitó el hambre.

"*De aquí no se va ni dios hasta que no se haya hecho todo. Así que a documentar uno a uno todo lo que hay y sólo voy a firmar cuando todo esté hecho*". Dijo Enrique, sin necesidad de levantar la voz, estaba claro quién mandaba, aunque el hecho de tener los ojos inyectados en sangre y que la boca le espumase, ayudaba.

Los guardias comentaron entre ellos "*qué gran número que se ha perdido para el cuerpo, seguro que habría llegado a mando y de los gordos*". El guardia de guardia, como alumno aplicado que entrega los deberes ante un profesor exigente, mostró a Enrique los documentos completados con el número de tanque, peces, tamaño, origen y alimento consumido. Enrique dio el visto bueno y le comentó "*si te cansas de la guardia civil igual tenemos un hueco para ti*".

El guardia se empavonó, que a uno le reconocieran el trabajo bien hecho era algo a lo que no estaba acostumbrado, más bien lo contrario. Cosas del cuerpo. ¡Qué mal cuerpo se le quedó! Estuvo un rato pensando si las palabras de Enrique eran ciertas. Enrique que se percató, le alentó a que activase a los funcionarios dotándole de cierta severidad y autoridad. El guardia se creció y les dijo: "*vamos señores que es para hoy, a mí sólo me ha llevado una noche*". Se produjo un gran silencio. Podía cortarse con un cuchillo.

Los funcionarios, cada uno por su lado, empezaron a registrar en sus expedientes los datos requeridos por sus procedimientos. Se movían como alma que lleva el diablo. Es curioso, todos tenían el mismo documento, todos rellenaban los mismos datos, todos, todos. Hasta el de la ONG. Eso sí los membretes eran diferentes. ¿Acaso esto no podía haber sucedido con el pienso? Enrique, pulso a 230, aletas de las narices dilatadas, venas de cuello a punto de explotar, puños apretados color carmesí y con un hilillo de sangre que le manaba de entre los dedos de clavarse las uñas, suspiró y contó hasta 300. Evidentemente con 100 no bastaba. Lo consiguió y sus pulsaciones quedaron estables en 180. Todo un logro de contención.

Cerca de las 15:00 horas se estaba acabando de firmar el último de los expedientes y nuevamente siete copias iban a parar a manos de Enrique. A este paso la documentación habría que transportarla en carretilla.

Si todo iba como estaba previsto, entre unas cosas y otras, hasta dentro de un mes no se tendrían los resultados de las analíticas y en un par de semanas más las autorizaciones de cómo proceder. Pero, eso sí, que bajo ningún concepto podían moverse los peces, que debían permanecer identificados, inmovilizados y aislados.

Entonces sí que se armó.

Enrique explotó. Pero no fue una explosión de las habituales, a las que ya estábamos acostumbrados. Era como si de pronto se hubiera abierto la caja de los truenos, el Armagedón se quedó corto. Como si las trompetas del juicio final parecieron simples flautas afónicas. Todo ello acompañado de una profusión de espumarajos y babas que salpicaron a la mayoría de los presentes.

Hasta los guardias civiles, acostumbrados a ciertos disturbios y broncas de sus superiores, se acojonaron. Todos se acojonaron. *"Cagondiós y to lo que se menea. ¿Pero es que todos son tontos? ¿Acaso sólo les han enseñado a pensar con el culo? ¿Se creen que esto es una vaca, un ternero, un pollo, un chón? No señores, de aquí no se van hasta que me aseguren que en una semana está todo solucionado. No se pueden ni imaginar el tremendo problema que nos causan si nos inmovilizan los peces seis semanas. Un millón y medio creciendo a veinte grados, comiendo cada día, con densidades cada vez mayores, sin espacio. Nooo, o me firman que se responsabilizan de todas y cada una de las bajas que se produzcan o me dan los resultados en una semana o me autorizan a mover los peces para procurarles el mejor de los bienestares o monto un pollo que..."*

Reunión de emergencia. Ya eran cerca de las 17:00 horas. Los funcionarios llegaron a la conclusión de que la cena era salvable, así que se pusieron de acuerdo para autorizar un procedimiento pactado de modo que era posible mover, clasificar y mezclar los peces siempre y cuando fuese entre ellos y se especificase el origen, día y hora del movimiento, destino y confirmación de la nueva identificación, inmovilización y aislamiento resultante. Y que, para dar fe de ello, dos días a la semana se pasarían los guardias para certificarlo.

Los guardias, ya como de la familia, dijeron que bien pero que la autorización debía venir de su superior, siempre y cuando el señor Enrique diese su visto bueno, por supuesto. Los funcionarios dijeron que, claro, claro y que, por supuesto si el señor Enrique no tenía nada en contra, faltaría más.

El señor Enrique sabía que las cosas se habían hecho como debían hacerse, que no había quedado nada pendiente y que en fondo el procedimiento había funcionado y en cierta manera se maravillaba con lo que la alerta había conseguido. Empero, no se fue contento a casa, en absoluto.

Le duró el cabreo y el pesar exactamente trece días, lo que se tardó en recibir siete notificaciones acompañadas del mismo documento del laboratorio de análisis y de un exhorto de casi cinco páginas en cada uno. Se mencionaba que las cantidades de cadmio encontradas en el pienso, teniendo en cuenta la alimentación proporcionada a los peces, su tamaño y el hecho de que faltase más de un año para que llegase al consumidor, no representaban ningún problema de salud pública y que por tanto podía procederse a levantar la identificación, inmovilización y aislamiento de los peces y del pienso.

Ese mismo día, un viernes, y ya bien entrada la tarde, nos tomamos un "pelotazo" doble de gin de Mahón. El de las ocasiones especiales. Respiramos profundamente. Enrique se relajó. Al menos por el momento. Las pulsaciones se le acomodaron a un extraordinario valor de 154, por debajo de su valor normal. Era un hombre tranquilo. Le esperaba un fin de semana placentero... ¿o no?

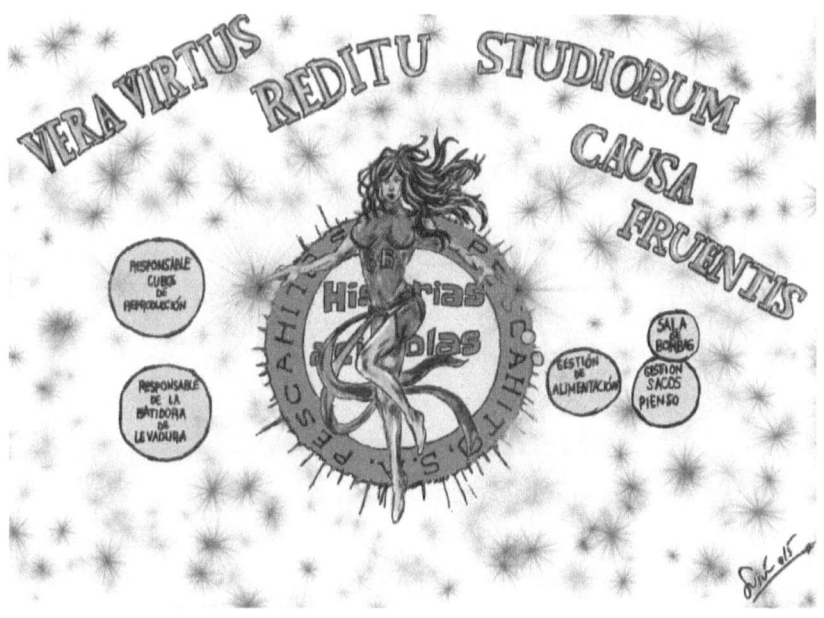

Vera virtus reditu studiorum causa fruentis

Cuarenta eran los comensales que se habían apuntado a la actividad estrella del Congreso Nacional de Acuicultura que se celebraba en nuestra comunidad, una visita a nuestras instalaciones y no a la cueva de Alí Babá como algunos en broma ya lo bautizaron. Un reto organizativo considerable. Para quien nunca haya visitado una instalación de acuicultura vale la pena comentar que el riesgo que comporta una visita de estas características es desmesurado y acaba por volver locos a cuantos participan en su organización.

Una planta acuícola es la unión de cuatro elementos esenciales: agua, aire, oxígeno y alimento que conforman la esencia misma de la actividad.

A estos cuatro elementos esenciales hay que añadirle lo que determina su naturaleza, los peces. Peces que están en piscinas. Piscinas que requieren de tuberías. Tuberías y… redes, cubos, escobas, alimentadores, sacos de pienso, la Vaki, sondas, pediluvios, botas y batas para las visitas.

Todo ello conforma un verdadero laberinto sin minotauro. Pero nosotros teníamos al "Dire".

"El Dire" se había reunido con los responsables de producción y los encargados de cada área y a todos les había proporcionado las instrucciones oportunas y claras. Todo el mundo sabía lo que tenía que hacer, todo el mundo sabía cuándo debía hacerlo, todo el mundo conocía cómo debía hacerlo, ¿todo el mundo?

No, evidentemente no. En todas las plantas existe un ser (puede que, de sexo masculino o femenino, incluso hasta indiferenciado) al que se le conoce como "el becario" o "la becaria". En el último sorteo académico habíamos sido agraciados con una de estas últimas. Teníamos a "La Becaria".

Sucede con estos personajes que sin saber por qué acaban pasando a formar parte del contingente de las instalaciones de una forma extraña, casi como si no existieran, pero siempre están ahí. Nadie los quiere y todo el mundo los anhela. Son una parte esencial de algo que aparentemente no sirve para nada. Son como el mando del televisor, inservible con la tele apagada y un puntal de la convivencia humana en cuanto el botón está en "on".

Cuando todo estaba en marcha, la becaria acababa siendo ese instrumento esencial que hacía posible que el día a día sucediera. Los becarios eran nuestra intranet, una red poderosa de comunicación capaz de trasladar terabytes de información de un lado a otro de la instalación con el simple hecho de poner un pie delante de otro. Si a ello le añadimos un bajo consumo energético y una disponibilidad casi sin límites, podemos decir que vendrían a ser como el Smartphone que un par de lustros después haría de nosotros unos peleles.

"El Dire" estaba tranquilo y sabía que las instrucciones habían sido desplegadas de acuerdo al rango de cada uno y desde el escalafón inminentemente superior, con la seguridad que da la marcialidad impuesta para esta ocasión y así se dirigió a la oficina principal para recibir a los visitantes.

"La Becaria" no forma parte de ningún escalafón, no tiene rango y por lo general, si además está recién llegada, no existe. Pero existía y había llegado el día anterior. Se había personado en la oficina con su documento acreditativo y el convenio de su centro educativo firmado tal y como le habían dicho. La recibió una de las secretarias. Le dijo que vale que todo estaba bien y que fuese a hablar con el responsable de personal, pero que como no estaba y no se le esperaba, que mejor que le dijese al responsable de planta. Ah, vale, dijo ella. Y así que fue.

Hola, le dijo "El Responsable". Ahora no tengo tiempo, no sabes tú la que tenemos liada con la visita de mañana. Mira te doy tu equipo y los papeles de seguridad, me lo firmas, eh. Que luego la de calidad... Mañana te presento a "El Dire" y ya te dirá que tienes que hacer. Ahora te puedes marchar y mañana empezamos a las ocho.

Bien, pero dónde voy y a quién me presento. Bah, no importa, alguien habrá. Tú sólo di que eres la becaria y ya sabe todo el mundo qué hacer. ¿O es que acaso te crees que eres la primera?

Esta mañana, a primera hora, "La Becaria" había llegado a las ocho en punto, pero con el tremendo trajín no se había podido presentar a nadie. Se dio cuenta que algún evento especial debía estar a punto de suceder y siendo consciente de ello, decidió que lo mejor era ir por su cuenta.

"El Dire" estaba contento ya que, en su paseo matinal, realizado poco antes de la llegada de la comitiva, a eso de las diez, más o menos, que ya se sabe que eso de la puntualidad... bueno eso, ejem, en su paseo matinal había comprobado que todo estaba en perfecto estado de revista, como le gustaba decir ¿Quién sería esa chica tan pizpireta con la que se había tropezado en un par de ocasiones y que andaba como perdida? Bueno, ya se ocuparía después.

Buenos días y bienvenidos... y bienvenidas, perdón. Como Uds. sabrán nos encontramos en la simpar instalación de producción de "PESCAHITO, S.A.", de Pescados Hipólito y Tomás, sociedad anónima. Pioneros de esta industria y monumento de la historia de la acuicultura mundial. Es para nosotros motivo de honda satisfacción recibirles en nuestra, su casa, y mostrarles como el avance tecnológico mezclado con las personas más capaces hacen el milagro de los peces. Esta cita, aunque obviamente no es propiedad mía, tengo a bien usarla ya que describe con extrema exactitud a que nos dedicamos.

"La Becaría" de camino a ninguna parte había acabado coincidiendo con alguien que al mirarla dijo, ah, la becaria, eh. Le dio una carpeta de control de la sala de bombas y le dijo, ve allí donde la sala de bombas y deja esta carpeta en el cajetín que pone control de la sala de bombas. Allí que se dirigió.

Estaba colocando la carpeta en su sitio y de repente se encontró rodeada de un numeroso grupo de personas que a las puertas de la sala de bombas atendían a un señor, sí a ese que se había cruzado en varias ocasiones esta mañana y que la miró raro. "El Dire" estaba diciendo... el control de la instalación es esencial para que toda nuestra planta funcione como un reloj suizo por ese motivo tenemos en esta sala un complejo sistema de información que lleva nuestra... (salía en ese momento "La Becaria" por la puerta con la carpeta en la mano por que no había sido capaz de encontrar el lugar que le habían dicho) ...señora responsable del control de la sala de bombas. "La

Becaria" alzó la carpeta y sonrió. Le devolvieron la sonrisa y continuó caminado. Notó que el señor raro le clavaba su mirada.

De vuelta al lugar de partida, el que le dio la carpeta de control de bombas le dijo con desprecio, bah, becarias y dame que ya lo haré yo antes de que lleguen estos que seguro que "El Dire" me quiere allí. Tú, puedes ir donde el del pienso que no sé qué es lo que dice que necesita. Allí fue y el del pienso le dijo, mira, te quedas aquí un ratito que voy a hacer un cafecito antes que lleguen los de la visita. Ves esos sacos, me los pones en aquel sitio y así los quitas del medio.

En ello estaba cuando, sin saber cómo, se vio rodeada del mismo grupo anterior y el mismo señor que decía…

La gestión de los insumos es, además de delicada, esencial para que toda nuestra planta funcione como… Paró en seco. Miró de izquierda a derecha. Se asomó a la pequeña oficina donde solía estar el responsable. Se volvió hacia los visitantes y acabó diciendo…

Por ese motivo tenemos a la señora responsable de la gestión de los sacos de pienso. "La Becaria" depositó el último saco en el lugar que le habían dicho y sonrió. Le devolvieron una sonrisa llena de estupor y asombro. El señor raro, más. Salió por la puerta camino de la zona del café para decirle al responsable que habían llegado y que tal vez…

Nada, nada, ahora vuelvo. Oye, que me ha dicho el de reproductores que te acerques por allí que no sé qué quiere de unos cubos para trasladar la puesta de esta mañana. ¿Dónde? Pues allí, en reproductores. Becarias, bah.

No sin cierta dificultad dio con el responsable de los reproductores y le dijo, soy la becaria. Ah, vale, menos mal que has venido. Están a punto de llegar los de la visita y todavía no he acabado. Mira, voy a llevar estos huevos a la sala de incubación, tu espera y cuando te llame me traes estos dos cubos con huevos, no les quites el aire hasta que no te llame. Vigila.

Al cabo de unos minutos… becariaaaaa, gritaba el responsable, trae esos huevoooos. Eran un par de cubos pesados, casi con 15 litros de agua cada uno, giró hacia la izquierda que es de dónde procedían los gritos y de nuevo… la visita y el señor raro que decía… Es por esto que es esencial una adecuada gestión de los reproductores para que nuestra planta…

Perdón, me permiten pasar, dijo "La Becaria" y "El Dire" casi se cae de la impresión al verla. Enmudeció. Sintió las miradas de los cuarenta visitantes, sintió un nudo en la garganta, dijo… Sí, si faltaría más señora responsable de los cubos de reproductores. Se apartó a un lado y vio como "La Becaria" les sonreía con una especie de mueca efecto del esfuerzo. El señor raro también se la devolvió, pero la mueca no era consecuencia del esfuerzo.

Perdón, he tardado un poco porque estaba toda la visita por medio y he tenido que ir haciendo zigzag. Vale no importa.

Ya teníamos suficientes huevos para la producción de esta semana y esos no nos hacen falta. Voy a ver qué quieren. Oye, que me ha dicho el de alimento vivo que le eches una mano con no sé qué de la levadura. Ah, gracias. Vaya uno simpático, pensó para sus adentros "La Becaria".

Esa zona sí que la conocía ya que era la primera que había visto al llegar el día anterior. Se acercó y se presentó. Hola soy "La…" Sí, la becaria ya lo sé, o es que acaso te crees que aquí nos chupamos el dedo. Ves esa caja de 25 kilos de levadura, pues la metes en esa batidora industrial con 100 litros de agua y le das al botón, ese rojo de ahí, y la tienes cinco minutos a 250 revoluciones. Ahora vuelvo que vienen los de la visita y me voy a poner una bata limpia. Ten cuidado. Vale, lo tendré.

Estaba a punto de dar al botón cuando, nooo, otra vez no, esos pesados y este señor que no para ¿me perseguirá? Antes de de "El Dire" siquiera hablase, dijo "La Becaria", cuidado no se acerquen más que aquí tengo 25 kilos de levadura batiéndose y pueden salpicar, cuidado con esas mangueras que me hacen falta. Faltaría más señora responsable de la batidora de levadura, dijo "El Dire". Ven Uds. eficacia personificada para que el alimento llegue en su junta medida para que de esta manera la planta funcione… ¡Ojo! dijo "La Becaria" sonriendo.

Una facción de los visitantes le devolvió la sonrisa y un grupo considerable se apuró a ofrecerle su tarjeta profesional y al punto diciéndole que si quería tenían un puesto para ella en su... "El Dire" medio descompuesto dijo, ejem, dejemos trabajar y con las manos abiertas y extendidas hacía las veces de empujar a las personas que no salían de su asombro. "El Dire" tampoco.

Pero, ¿cómo? ¿Que ya se han ido? Vaya descortesía. Ya acabo yo de batir. Esto..., mejor te acercas a juveniles y ayudas a dar de comer, que si no ya me veo yo haciendo horas extras. Ah, y espabila, que esto es trabajar.

Pero qué maleducado, pensó, pero no se lo dijo. Iba a estar seis meses y no quería empezar con mal pie. De camino al área de juveniles vio al otro lado de la planta el grupo de visitantes, curiosamente no había nadie más. Se sintió observada. Al llegar a la nave donde estaban los peces, dijo, hola soy "La Becaria".

Uy, sí, ya me lo han dicho, que bien, te estaba esperando, la verdad es que me hace falta una mano, pronto estarán aquí los de la visita y todavía no he ido al almacén a buscar el alimento de esta tarde. Mira, empieza a alimentar por el tanque número uno, más o menos dos paladas a cada uno, y cuando acabes en el cincuenta y ocho, empieza otra vez, lo mismo. Voy a buscar los sacos de pienso. Vale, dijo, sonriendo. Le devolvieron la sonrisa. Le gustó.

Iba por el tanque 32 cuando un ruido a sus espaldas, como de muchas personas juntas, le hizo temerse lo peor. Se giró y un aplauso sonadísimo surgió espontáneamente del grupo de visitantes. "El Dire" dijo y como les he dicho la señora responsable de todo es la última gran adquisición que hemos hecho.

La calidad de los alumnos de formación profesional es extraordinaria y a nuestra "Becaria", esto… hizo un gesto como indicando que se presentase. Teresa, dijo Teresa. Eso, Teresa. Pues Teresa es que no tiene límites. Su capacidad nos dejó prendados desde el primer momento y hoy es una joya de nuestro equipo. Sabe latín. Entenderán Uds. por qué…

Teresa siguió a lo suyo dando de comer como le habían dicho y esta vez sonrió para sí misma, le gustaba esto de la acuicultura. Sí, no estaba mal, pero… ¿Quién sería ese señor tan raro?

"Cum vita brevis sit, nolite tempus perdere"

Gratias agere a Víctor Michavila por su latinada del título original: "El verdadero valor de una becaria". Otro que sabe latín.

El mamporrero

¡Qué ilusión! El periódico El País iba a realizar un amplio reportaje en su edición semanal sobre acuicultura y nos había contactado. Querían que les explicásemos qué es lo que hacíamos y dejar claro que nuestra actividad era algo extraordinario.

Que entusiasmo pusimos en organizarlo con todo lujo de detalles, preparar muestras de cada una de las partes del proceso, adecentar la instalación y hasta nos peinamos. Aunque a algunos no nos hiciera falta.

Puesto que nos encontrábamos en plena temporada de producción de rodaballo y tocaba hacer desovar a varias hembras, decidimos retrasar un poco la hora prevista y esperar a los periodistas, ya que, si las explicaciones las ilustrábamos con un caso práctico y en directo, la calidad de la información resultaría de un valor incalculable. Qué gran reportaje, sin duda.

A su llegada y tras una explicación del proceso general, les proporcionamos un equipo completo para los visitantes, es decir unas botas y una bata. Parecía que les hiciese una ilusión especial y reían y bromeaban. Nos sorprendió.

Les dijimos que íbamos a ir directos a los tanques de los reproductores de rodaballos, que ya estaba todo preparado y que no era recomendable demorar más la espera ya que sino el proceso se nos alargaría demasiado y podríamos llegar a perder una buena puesta. Se mostraron comprensivos y dijeron que adelante.

El espacio disponible para la colocar la mesa de desove en los tanques no era demasiado grande, de hecho y gracias a que las paredes del tanque eran relativamente bajas colocamos la mitad de la mesa dentro y la otra mitad fuera, así había sitio para que el periodista y el fotógrafo pudieran estar cómodos mirando y preguntando.

La mesa era de material plástico liso con una abertura en uno de los lados en el que encajábamos una acuario de metacrilato en el que recogíamos los huevos para su posterior fecundación, al ser una mesa de media altura, más bien baja para poder trabajar cómodamente, resultaba un tanto complejo hacer fotos. Tenía que ponerse de rodillas y quedar a la altura de la mesa con el rodaballo encima y así poder captar todo el proceso del desove.

Sacamos a la primera hembra y le dijimos que lo que íbamos a hacer era masajearla para extraerle lo huevos. El proceso de obtención de huevos por masaje abdominal es fácil cuando se tiene cierta experiencia y basta palpar un poco a las hembras para saber si todo está OK. De la primera hembra obtuvimos algo más de medio litro de huevos con un aspecto increíble.

El siguiente paso era escoger un macho y frotarlo para que expulsara el esperma y así poder hacer la fecundación. Tanto el periodista como el fotógrafo pusieron cara de medio asombro y de seguida se aproximaron para ver como lo íbamos a hacer. Les dijimos que no se aproximasen tanto, estaban a apenas un palmo del pez, que en ocasiones podría salir el chorro de esperma proyectado. No hicieron caso y querían una foto de calidad.

Sacamos el macho y lo pusimos en la mesa. Habitualmente tras las primeras gotas de esperma, que solían desecharse ya que podían estar sucias con algo de urea, usábamos una jeringa con la que recolectar el esperma y así mantenerlo limpio y aislado. Pero ese día y con los dos periodistas tan cerca, tan cerca, tal vez se nos olvidó el procedimiento, tal vez apretamos algo más de lo normal, tal vez, sólo tal vez.

El chorro de esperma fue tremendo, hasta nos sorprendió a nosotros. Uno fue directo a la cara del periodista el otro al objetivo de la cámara del fotógrafo.

Nosotros estábamos acostumbrados, era habitual que nos pasase, pero no fue así para los periodistas y ambos pusieron cara de desconcierto y cierto asco. No pasa nada, les dijimos es sólo agua. Pero no parecía que les convenciese mucho.

Seguimos con el proceso, fecundamos los huevos, esperamos a que los huevos fecundados se separasen, eliminamos los malos y los desinfectamos adecuadamente antes de pasarlos a los tanques de incubación con agua limpia, filtrada y pasada por Ultravioleta, a la temperatura correcta.

Qué gran trabajo habíamos hecho y que magnífico reportaje esperábamos de estos grandes profesionales de la difusión. Cuando esto viese la luz de bien seguro directos al estrellato.

Pasaron unas semanas y se publicó el artículo. Bueno, no estaba mal. Eran 10 páginas con multitud de fotos y un amplio análisis de la situación, lo titularon: *"Cultivar los mares"*. Prometía. Fuimos buscando nuestra participación, ilusionados. Pasaban las páginas, vaya, no nos encontrábamos, ajá, finalmente aparecimos en la última página, en una sub sección justo antes de acabar, a saber *"Celestinas para rodaballos"*, original sí, pero parecía que cierta inquina se vislumbra entre las líneas y el lugar al que nos habían relegado. El inicio era de merecer, vale la pena recordarlo: *"La cría del rodaballo, ese pez estrábico que se parece al actor cómico Marty Feldman después de que una apisonadora le haya pasado por encima, ..."* ¡Uf, qué mala hostia!

Continuaba hablando de *"sementales"*, no es que fuera malo sólo que descontextualizado y aquello que la *"...fecundación in vitro, tendrá lugar en un bote"* acabó de echar por tierra nuestro prestigio.

Llegados a este punto entenderán nuestra desilusión cuando en el artículo nos vimos tildados de vulgares "mamporreros" de rodaballos. ¡Qué poca sensibilidad!

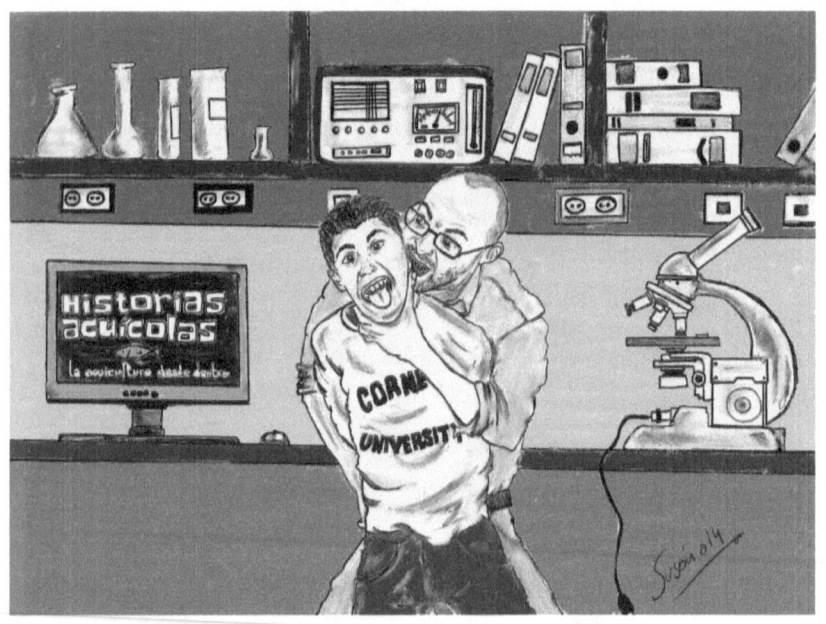

A contar "rotíceros" (The father's version)

Aunque no existía una obligación implícita y no estaba estipulado en nuestro contrato nos podía la responsabilidad. No sólo porque en ese momento estuviésemos en plena etapa de producción, no sólo porque nos estuviésemos jugando parte de la temporada del próximo año, no sólo porque de nuestro trabajo dependía el de otros muchos, no sólo porque todo el trabajo de una semana pudiera llegar a perderse en un par de días. Sólo era fin de semana y tocaba guardia. Nos podía la responsabilidad.

Cuando esto pasaba y pasaba a menudo era posible que los días se sucedieran uno tras otro, semana tras semana e incluso puede que mes tras mes. No es que la dedicación fuese absoluta, ni mucho menos, pero un par de horas de sábado y de domingo solían ser de lo más habitual y eran más que suficientes como para tener que adaptar el trabajo a la familia. La realidad era otra, al final siempre acababa siendo la familia la que se adaptaba y poco a poco pasaba a formar parte de ese espíritu de responsabilidad bien llevada.

Fue así como mi hijo Miguel, con cinco años recién cumplidos, pasó a formar parte de mi equipo de Control de Calidad.

Normalmente la organización del fin de semana solía empezar con el cambio de turno de los viernes por la tarde. Por delante algo más de dos días de trabajo en la que el personal disponible mermaba considerablemente pero no así las necesidades esenciales de una planta de producción tan compleja como la nuestra. En términos absolutos un fin de semana equivale al treinta y cinco por ciento de una jornada laboral completa semanal y si se compara con la cantidad de cosas que hay que hacer la fuerza humana desplegada apenas da para cubrir la mitad. Lo que es un merecidísimo y necesario descanso es una tortura a la hora de establecer una adecuada organización y cumplir con el convenio laboral.

Esto explica el por qué era necesario que la rutina del fin de semana no se alterase, al menos en los puntos considerados críticos del proceso.

Lo que llamábamos *"guardia"* empezaba habitualmente con el control de la producción de alimento vivo ya que este proceso solía ser el principal cuello de botella en una instalación como la nuestra, sobre todo en épocas de máxima actividad donde las necesidades de alimento se contaban por horas. El margen de maniobra cuando tienes unos cuantos millones de larvas nadando en los tanques suele ser escaso. Este es el primer eslabón de una larga cadena de actividades que es determinante para el éxito final, una buena producción larvaria.

Generalmente no era necesario estar más que dos o tres horas. Para los adultos responsables dos horas no son gran cosa, pasan como arena de playa entre los dedos de una mano, mucho más rápido de lo que nos gustaría y sin posibilidad de contenerla. Para un niño de cinco años dos horas dan para montar y desmontar mil veces cien castillos de arena. Es tiempo suficiente como para vivir dos de sus vidas. Pero como fuera que debía acompañarme y que debía pasar esas horas conmigo encontré la forma de hacer que su estancia fuera una diversión, encontré la forma que cada castillo de arena fuese diferente, encontré la forma de que disfrutase haciendo castillos de... *"rotíceros"*.

Un microscopio es un imán para los niños, si además este microscopio es un "Биологические микроскопы" ruso con más años que Maricastaña, de estética vintage, con una multitud de aplicaciones y utilidades como sólo los rusos solían saber hacer antes de la Perestroika, se transforma en la mejor de las diversiones y todo porque algo que aparentemente está prohibido y fuera del alcance pasa a ser tuyo, digo suyo. Porque el microscopio pasó a ser su microscopio.

Cuenta, y digo cuenta porque durante un par de años lo estuve restaurando y lo conservo como uno de los bienes más preciados, con un sistema de iluminación compuesto de cinco lentes y una lámpara incandescente de 8V, alimentación a 220 V y 50 Hz, un condensador aplanático para luz directa y oblicua, un sistema de aplicación que lo convierte en binocular, un condensador de campo oscuro, tubo para fotografía y un dispositivo de contraste de fase. Vamos una auténtica joya. Ah, y algún que otro "device" que no he conseguido saber qué es.

Esta rutina pasó a ser algo parecido a que si lo hubiésemos puesto al frente del departamento de innovación de Lego en su fábrica de Billund que además es un parque temático. Nuestro laboratorio era el parque temático y el microscopio la atracción estrella y una fuente de inagotable de diversión.

Aunque el microscopio llevaba años sin usarse, tanto que incluso se había acabado formando una fina pátina de una mezcla de óxido y otros compuestos que le daban un aspecto como de aparato diabólico, pero deseado. Como he dicho, era un imán.

Disponía incluso de la opción de usar el espejo inferior para orientar el haz de luz hacia el portaobjetos, así que le quité el condensador y el diafragma para que su uso fuera sencillo y permitiese llegar la luz libre. Coloqué la aplicación para convertirlo en binocular y le puse dos tubos con aumento de 10x y 3,5x, de esta forma era mucho más fácil su uso y, por supuesto, más que suficiente para el fin que perseguía. Mantenerlo ocupado un par de horas.

Póngase un portaobjetos, una gota de agua, *"rotíceros"* (en realidad eran artemias adultas que son mucho más fáciles de ver, casi a simple vista, y se mueven a una velocidad que se las pelan) y algo de eosina y veréis cómo se iluminan los ojos de un niño.

Le expliqué que los rotíferos eran como gominolas pero en muy pequeño y que a los peces les encantaban, que se los comían como golosinas y que de la misma manera que pasaba con las golosinas si se les daban muchas se empachaban, por eso que era tan importante saber cómo estaban y cómo dárselas. Le dije que un montón de rotíferos es como un montón de arena de playa, multitud de granos que a veces ni se ven y que juntos forman las playas y que en cada gramo…

Guauuu. Venga, venga, déjame contarlos papá, que tenemos mucho trabajo, me dijo y se puso a mirar por el microscopio ruso. A su lado un folio como el mío y un lápiz con el que rayaba palotes y tenía muchos, en la placa había tres artemias, eso sí se comportaban de maravilla, estaban entrenadas, eran artemias de circo.

Así pasaba el rato y me dejaba tranquilo para que yo pudiera contar (de verdad), ver el porcentaje de hembras ovígeras, calcular los crecimientos de cada una de las diferentes poblaciones y ajustar la alimentación. De esta manera procurábamos evitar sorpresas en el total de la producción y podíamos establecer la estrategia más adecuada. A veces decidir no iniciar un lote por uno o dos días podía ser clave a la hora de sacar adelante un buen lote de peces y esos detalles son los que determinaban y decidían el éxito productivo de todo un año.

En el laboratorio teníamos arena de sílice que suele ser de uso habitual para los acuarios y aproveché este hecho para recuperar la conversación que antes dejamos a medias por la necesidad de contar. Se merecía una explicación. Se la había ganado.

Cogimos un poco de arena y la llevamos a una balanza de precisión donde pesamos un gramo y le dije como mucho habría unos doscientos granos, más o menos, tanto como todos los compañeros del cole de primaria.

Después pesamos unos gramos de rotíferos que había pasado por un filtro, más o menos abultaba lo mismo, tal vez algo más ya que estaba algo más húmedo y le dije que allí habría unos seis millones de "granos de rotífero". Me miró, evidentemente no era capaz de entender esa cifra, con dificultad era capaz de saber si doscientos era mucho o poco, a él le parecía muchísimo, ¡todos los compañeros del cole!, entonces ¿Cuántos coles son los rotíferos que hay ahí? Me preguntó.

Desde luego decir que posiblemente equivalía a casi todos los niños de primaria de media Europa iba a ser mucho más complicado, así que simplifique: bueno pues todos los niños que hay en los niños que hay en todos los colegios de aquí a Barcelona. Sabía lo largo que era el viaje, lo había hecho varias veces. Resopló, si, en su ideario eso debía ser muchísimo.

Y efectivamente me dijo que eso debía ser mucha, mucha comida. Le miré y le dije que apenas si nos daba para la primera ceba de un tanque y él sabía que teníamos cuarenta. Yo le dije que en cada uno había más de medio millón de peces, que para darles de comer a todos necesitábamos muchos gramos y que por eso era tan importante lo que hacíamos.

Su cara me decía que no entendía nada, en su mundo todo era poco o mucho, o en todo caso mucho muchísimo, se me ocurrió decirle que con lo que íbamos a preparar hoy casi le podríamos dar de comer a la mitad de los peces del mar, pero a los pequeños, eh. Bueno, esta respuesta sí que pareció gustarle, el mar es muy grande, así que debía ser mucho muchísimo.

Mientras él hacía como que miraba, creo que seguía dándoles vueltas a lo de las cantidades, completé los registros con los conteos, ajusté la cantidad de alimento para este día y el siguiente y puse las cantidades que debías cosecharse para alimentar a las larvas. Le di la hoja para que se la llevase a Luisón. Posiblemente en un momento de descuido, la verdad es que no sé cómo ni cuándo, mi hijo debió coger el lápiz y garabateó algo al lado de dónde había visto que yo había puesto la cifra que le dije que era comida.

Luisón revisó el registro y me preguntó que qué quería decir con aquello. Eran dos redondas, como ceros. Miré a mi hijo y nos dijo, sorprendiéndonos, "seguro que hoy comen todos los peces del mar".

A contar "rotíceros" (The son's version)[8]

Es en general objeto de admiración la credibilidad del autor de este libro, que goza la mayoría de veces de gran precisión en datos, fechas, etc. consiguiendo recrear una

---
[8] Historia escrita por Miguel Aguilera basada en la versión paterna anterior

historia considerablemente fidedigna a lo que fue la situación real (eso sí, siempre viciada a causa de la común costumbre de entrecruzar subjetividad y verdad, a medida que pasan los años).

Pero, me duele confesarles queridos lectores que en esta última historia han sido engañados. Me duele, y mucho, pues no es mi intención aquí atacar al autor ni desilusionar a sus seguidores.

Pero ¿Qué tan amarga es la sensación de ser conocedor de la verdad y ver como a tu alrededor ésta es maltratada y deformada? Sin duda ustedes la conocerán, pues presumo (dada la ilustre posición del blog que sustenta esta publicación) que la mayoría de lectores aquí congregados pertenecen a las más altas cúpulas en los campos de la ciencia y la economía.

Sin duda son ustedes propicios a sentir que todo el mundo se equivoca excepto uno mismo. Como comprenden mi sentimiento y no me gustaría dejarles con el amargor de desconocer la versión real, me dispongo inmediatamente a explicar los acontecimientos sucedidos hace tanto tiempo pero que, sin embargo, continúan en mi cabeza tal como los presencié en aquel momento.

Yo era por entonces un niño de 5 años, flacucho y miedoso, pero con una intuición y un intelecto más evolucionados que los otros niños de mi edad. No sé bien la razón por la que mi padre precisara mi ayuda a aquel día, pero seguramente sería debido a que algún técnico especializado había sufrido una indisposición y necesitaban urgentemente a alguien con capacidades excepcionales que pudiera realizar algún trabajo tremendamente complicado.

Mientras viajaba en el coche, imaginé la reunión del comité directivo. Seguramente se reunirían en una mesa gigante, en una sala enorme en lo más alto de un rascacielos. ¡Un momento, en Tinamenor no hay rascacielos, ni tampoco salas enormes! No recordaba ningún espacio que a mí me pareciera apropiado para convocar una reunión del comité directivo. ¿Quizás en un tanque? Si lo vaciaban y ponían una mesa redonda podría servir.

Decidí que sería sin duda el mejor lugar para hacer la reunión. Entonces coloqué al comité directivo en el tanque, con traje y chanclas, rodeando a una mesa de plástico (la madera no soporta bien la humedad). Seguramente estuvieron discutiendo alarmados sobre el destino de la producción si no eran capaces de cubrir el puesto vacante inmediatamente. Entonces, en el momento álgido de la discusión, imaginaba como se levantaba mi padre y sentenciaba rotundamente "Yo tengo la solución".

Así que por una reunión así o algo similar estaba yo sentado en el coche a punto de llegar a la piscifactoría. Al entrar, aparcamos y saludamos a mucha gente, la mayoría ya me conocían, pero yo nunca he sido bueno con las caras, así que me quedaba bien quieto, serio y aguantaba fijamente la mirada. Sabía mi responsabilidad aquel día y no quería que los demás trabajadores dudaran de mi capacidad. Después de bastantes saludos, alguna comprobación en el ordenador y muchas quejas de mi padre a nosequién por olvidarse de alimentar al tanque de los rodaballos y a nosecual por confundir el termostato de una piscina con el aire acondicionado (siempre contestada con un sonoro "coño que es fin de semana") nos dirigimos hacia el laboratorio. Sin duda aquí empezaría mi trabajo.

Subimos por una escalera de caracol hasta el último piso para llegar a una sala llena de microscopios y ordenadores. Mi padre me llevó hasta el más complejo y sofisticado microscopio de la sala, con luces, ruedas, botones y muchos números, lo que me hizo convencerme una vez más de la importancia de la persona que substituía.

Apreté mil veces los infinitos botones del microscopio para ver como las diferentes luces iluminaban. Algunas enfocaban desde abajo y otras desde arriba, todas ellas regulables con ruedecitas que jugaban con la intensidad. Una vez analizado mi nuevo microscopio y puesto a punto por mi padre, éste me comunicó los detalles de mi trabajo.

La tarea que me fue encomendada consistía en contar rotíceros. Para los que no sepan lo que son (vergüenza debería darles), os explico que se trata de una especie de chuchería que los acuicultores utilizan para alimentar a los peces. Pero todo niño sabe que las golosinas, por muy deliciosas que sean, se tienen que comer sin abusar, ya que pueden producir tantos problemas dentales, estomacales o los temidos gusanos, que ocupan sin permiso ni contrato nuestro desván.

Así que el control de estas diminutas gominolas era mi deber y para ello hacía falta contar exactamente la cantidad que tenían en Tinamenor, de manera que pudieran alimentar con la cantidad adecuada cada uno de los tanques. Era sin duda un trabajo importantísimo y complejísimo.

Mi padre seguía hablando, explicando cosas de playa y castillos de arena (debía añorar las vacaciones), así que decidí interrumpirle para ponernos manos a la obra. Me dio una piscinita llena de rotíceros y con mi magnífico microscopio empecé a contarlos. ¡Era increíble, había muchísimos! Brillaban como fogonazos de luz y se movían cada vez que giraba las ruedas del microscopio, corriendo de un lado a otro de la piscinita haciendo muy difícil contarlos a todo.

Saltaban y bailaban escapando de mi vista, corriendo de la lente del microscopio, escondiéndose de mí. ¿Quizá eran conocedores del infame destino al cual serían confinados? De todas maneras, no era esta la cuestión que más me escamaba, sino cómo era posible que tantísimos rotíceros pudieran caber dentro de una piscinita tan pequeña. Le trasladé la cuestión a mi padre, que una vez acabado el recuento me intentó dar una explicación.

Para que yo entendiera el misterio de los rotíceros, cogió un poquito de arena (de verdad que añoraba la playa) y la pesó. Me explicó que en aquella arena había tantos granos como niños había en mi colegio. Después, con un trozo de piscina de rotíceros en la mano, me dijo que allí había muchísimos más granos, como tantos niños había en los colegios de allí a Barcelona. Resoplé, mi padre debería añorar sin duda la playa, pero yo de sólo pensar en el colegio me ponía enfermo.

Decidí reconducir la conversación y dejar de hablar de colegios, así que le pregunté sobre la cantidad de peces que alimentaríamos con tantas gominolas. Me dijo que sólo un tanque. ¡Sólo un tanque! En Tinamenor debía haber como cuarenta tanques en total.

Debía pensar en alguna solución, no podía permitir que la producción de ese fin de semana se echara a perder. La situación era mucho más complicada de lo que creía. Apuntó el número de rotíceros en una hoja y me comunicó que serían suficientes para alimentar a la mitad de los peces del mar.

La verdad es que eso me alivió bastante, pero mis alarmas se dispararon de nuevo cuando me percaté que no me había preguntado cuantos rotíceros había contado yo. Mi padre sólo había apuntado los suyos. Cogí su lápiz e hice una rápida suma, era sencilla y con tan sólo añadir dos ceros al número de la hoja se corregía el problema.

Había salvado la producción, ahora sí que los acuicultores conocían el número exacto de gominolas y podían darles las necesarias a los peces sin empacharlas. Y no sólo eso, dado que el número real era mucho mayor de lo que creía mi padre, no sólo habría suficiente comida para alimentar a la mitad de los peces del mar. ¡Todos los peces del mar podrían conseguir su ración de golosinas ese fin de semana!

Nada como una madre

—¡Siguienteee...!

—Yo, yo misma, que la señora Petra ya está atendida.

—Buenos días señora Antonia, ¿qué le pongo?

—Buenos días Patro. Ya sabes, lo de siempre, de las de mi hijo.

—Reina, ¿has visto que bacaladillas?

—No, Patro, de esas, de las que hace mi hijo.

—¿Y los jureles, señora Antonia? Mire, que parece que acaban de salir del mar.

—*Que no Patro, que quiero de las de mi hijo, que yo no me fío, que yo sé que lo que él hace y es una maravilla, que lo he visto. Serán frescas, ¿verdad?*

—*Sí, eso sí reina, frescas sí que son que me llegaron esta misma mañana de Noruega.*

—*Pero Patro, si mi hijo trabaja en Santander, ¿cómo van a venir las doradas de Noruega?*

La Patro había confundido las etiquetas. Tampoco es que tuviese mucho cuidado, sabía que las cajas solían tener pegados un montón de papeles, la mayoría decían cosas que casi no entendía y eso que llevaba más de veinte años en la pescadería del mercado del barrio. Había empezado con su madre, de bien pequeña. No había tradición marinera en su familia, sin embargo y por los vaivenes que tiene la vida, su vecina, Pepita, mujer de pescador y ya mayor, sin hijos y con pocas fuerzas para seguir tirando adelante con la pescadería le dijo a su madre, Patrocinio, que el pescado siempre era un buen negocio, que por una u otra razón la gente siempre lo comparaba y que daba para vivir, no para hacerse rica, pero sí para vivir confortablemente, que si le interesaba le traspasaba el negocio.

Su madre, que se veía con cuatro hijos y un marido en la obra, se dijo que si no tomaba la iniciativa poco iban a tener y le dijo que sí, pero que no entendía de pescado. Pepita le dijo que eso se aprende, como todo en la vida, que se viniese con ella unos meses y que para cuando fuese el traspaso ya habría aprendido todo lo de la pescadería. Además, el proveedor era un amigo de su cuñado, un hombre de fiar.

Al poco tiempo, Patro, ya estaba trajinando con su madre en la pescadería, entre despojos, raspas, gallos, chirlas y pescadillas. Le gustaba la pescadería. Habían pasado veinte años. Lo que si sabía con certeza es que cada vez estaba vendiendo más pescado de factoría y que lo vendía muy bien, pero no había reflexionado mucho sobre ello. Sacaba un buen margen, a la gente le gustaba y se lo pedían. La verdad es que no le preguntaban y ella tampoco decía de dónde procedía. No era necesario.

—Señora Antonia, ¿cómo es que entiende usted tanto? Cuénteme eso de que son de su hijo. Si son de factoría. ¡No me vaya usted a comparar!

—*De piscifactoría, sí. Uy, hija, mira. Yo de esto no entiendo, pero he parido y criado a mi hijo y no es que sea pasión de madre, pero listo es, eh. No sabes tú lo que ha tenido que estudiar ¿y lo que trabaja? Se ha tenido que ir lejos, claro, y lo que tiene andado, ya sabes que la faena está donde está, pero como trabaja en lo suyo, pues.*

—Ya, pero que yo le digo que son de piscifactoría. Y mire que las vendo bien, eh. Y mire que las he probado y ricas sí que están, es verdad, que tienen ese juguillo que las de mar... pues como que no, que quedan un poco más sequeronas. Mire, yo no le sé decir por qué, pero no es lo mismo, reina.

—Quita, quita. ¿Qué sabrás tú? Sabes dónde está el pescado, dónde se ha criado, qué ha comido, que en el mar nunca lo sabes. Vete tú a saber, lo puedes coger de un sitio contaminado y a lo mejor estás comiendo metales pesados, mercurio ese... que lo dicen en el telediario.

—Pero les dan piensos y a esos piensos les ponen muchas químicas y antibióticos, que no, que no me convence señora Antonia. Yo no tengo ningún reparo en consumir pescado de piscifactoría, pero dónde esté el salvaje.

—Donde mi hijo dan sólo pienso, es verdad, pero oye ¡qué pienso!, huele a pescado, pescado, que dan hasta ganas de comérselo. Me dice que tiene sobre todo de ese pescado menuillo de Perú, ese que nosotras no nos comemos y que lo trituran y hacen harinas. Y anchoa, de esas que tienen tantas espinas que yo no las quiero, eh. Quita, quita, a mí no mes las des ni regaladas. ¡Qué controles! Y qué gente limpia. Todo muy bien ordenado, en su sitio, que vas andando y que da gusto, que huele todo a mar.

—Pero mire, señora Antonia, son más baratos, seguro que no pueden ser tan buenos.

—Pero Patro, ¿tú te das cuenta de lo que dices? Si más de la mitad de lo que vendes aquí viene de cultivo, a ver ¿de dónde son los mejillones?

—¿Estos? De roca

—Ya, de batea ¿Y las almejas?

—De Galicia.

—Pero si pone Italia y dice que son de cultivo

—Pero gallegas también tengo, eh, mire. Uy, sí, también pone de cultivo.

—¿Y estas truchas tan guapas?

—Estas sí que lo sé bien, que vienen de Guadalajara, que vi un reportaje en la tele que salía un señor muy simpático hablando delante de unas piscinas diciendo que comían mosquitos. ¡Ah!, es verdad, ahora que lo dice tienes razón, que decía que los piensos que les daban no tenían químicos. Me cayó muy bien, dijo que era "pastor de truchas". Mire, hoy las voy a poner en casa, que nos encantan con un ajito.

—¿Y qué me dices de este salmón que siempre tienes?

—Ajá, ahora no me pilla, señora Antonia, este sí que es de Noruega, pero allí tienen unas aguas…El amigo de mi cuñado, el que es pescador, antes anduvo al Gran Sol con los gallegos y una vez se fue a hacer una campaña a coger bacalao. Cuando iban a los puertos a descargar dice que se veían unas piscifactorías de salmón que eran un primor. Yo aquí no he visto nada de eso, ni siquiera sé dónde están.

—Pues las doradas, las lubinas y los rodaballos de las piscifactorías de Santander, que yo lo he visto todo.

Patro estaba en lo cierto. De hecho, para la mayoría de los ciudadanos ciencia y cultura son términos contradictorios que se suelen excluir mutuamente, que casi que se pelean. La información que le llegaba no era ni buena, ni clara, ni bien explicada, ni entendible, ni nada de nada. Tenía la sensación de que los peces de piscifactoría no podían ser muy naturales, pero tampoco sabía por qué. Había escuchado hablar a los médicos de lo sano que es comer pescado, ella lo comía, comía de todo, de unos y de otros. Se dio cuenta que decía lo que decía porque era lo que había escuchado siempre, nadie le había explicado nada. Pero una madre es una madre y cuando habla con esa pasión de un hijo, hay que creerla.

Al lado, tres mujeres y un hombre que estaban esperando su turno empezaron a mostrar un gran interés por la conversación y se animaron, vaya que si se animaron...

—*Yo creo que tenéis razón y que tendríamos que cambiar de hábitos, consumir más pescado y menos carne. Yo creo que es mucho más saludable, pero es que es tan caro, hija. Ahora desde que están estos de piscifactoría yo me apaño de bien.*

—*Sí, Fabiana, el consumo de pescado es muy importante porque es una alimentación muy sana, yo lo vi en el programa de la Ana Rosa. Además, es que la carne ya no es lo que era que la pones en la sartén y es que te queda dura. ¡Ay! y también está de cara.*

—*Es verdad, pero hija, es que el pescado no cunde, en cambio un bistec bien que te llena. Además, es que el pescado es tan sucio...*

—*Cucha, pero qué dices, si la Patro te lo apaña que no veas, que te lo limpia, lo "embolica" de bien, que sólo falta que te lo cocine.*

—*A la radio yo escuché el otro día que doce "musclos" tienen tanto alimento como un bistec...*

—*Mira, yo que queréis que os diga, para mí lo que de verdad importa es que se lo compres a una persona de confianza, que yo a la Patro le tengo mucha, que yo sé que no me va a engañar nunca y que,* si dice que es bueno, pues yo la creo. Y si me dice que esas lubinas son buenas pues se las compro, sean de piscifactoría o no. Mejor de piscifactoría que siempre están mejor de precio.

—A la radio han dicho que los de piscifactoría no tienen "saquis"

—¿Qué?

—Los bichos esos.

—¡Ah!

—Eso, mejor de piscifactoría, que la señora Antonia, que tiene un hijo que trabaja en eso, dice que...

—Mira, si me dicen que es salvaje, yo me lo como igual, pero si me dicen que es de piscifactoría, que me da nosequé.

—A la radio decían que si comes pescado no tienes tantas enfermedades...

—Miren señoras, yo lo que creo es que estos pescados de piscifactoría son como los pollos, que comen de todo, ganchitos, de lo que sobra de las aviones, para que crezcan y ya está. Sí, sí.

—Pero qué dice, señor Pedro, que no. ¿Qué no ha escuchado lo que dice la señora Antonia? A ver, a quién va a creer usted ¿A esos que no conoce o lo que le dice su hijo? ¡Hombre de Dios!

—Eso es verdad, en mi pueblo, al lado de Zaragoza, ya comíamos truchas de piscifactoría, y bien buenas que estaban.

—A la radio decían que mejor de aquí que con tantas catástrofes...

—Pues mira, yo no soy mucho de comer truchas, pero como dice la Patro, hoy las voy a probar, anda, ahora después me pones unas cuatro.

—Sí, yo me voy a llevar dos kilos de "musclos"

—Y a mí, unas doradas de las del hijo de la señora Antonia, que las voy a poner a la sal, como dice el Arguiñano, que también las usaba de piscifactoría.

—A la radio decían que hay que leer las etiquetas...

—¿Señor Pedro...?

Patro vio que aquella conversación estaba de lo más animada y que desde luego estaba ayudando y mucho a mover el negocio, seguía arrimándose gente y cada vez eran más las que se interesaban, así que aprovecho y siguió preguntando.

—¿Y cómo dice usted que lo hace su hijo, señora Antonia? Mire, a mi es que no me parece muy natural, seguro que a lo mejor está más controlado y puede que pase más inspecciones, pero mire, no sé, no sé... Pero como dice que su hijo...

—Tiene unos bichacos metidos en unas piscinas con un agua que es como el cristal. Todos los días hay un señor que los atiende, les dan de comer, los limpian, los cuidan de las enfermedades y hasta les ponen vacunas para que estén sanos, como a los niños. Son los padres y las madres.

—¿Qué me dice?

—Ponen un montón de huevos, muy menuillos, que no se ven casi, pero hija qué cantidad. Los limpian y los desinfectan, para que no tengan enfermedades. Les ponen una miajica de yodo como el que usamos para curar a los niños, igual. Y después los meten en unos cubos con agua limpita, limpita...que da gusto.

—¿Qué me dice?

—Luego de unos tres o cuatro días salen como mosquitos, una almáciga, Patro, una almáciga. Con un tubo de vidrio muy largo los cuentan y con mucho cuidaico los llevan a unos tancacos llenos de agua de color verde. La comida ¡eh!...

—Señora Antonia ¿qué me dice?

—Y les dan de comer unos bichicos hasta que ya se le ven los ojos, que pasa casi un mes. No sabes tú el cuidado que hay que tener. Y luego ya le dan un pienso muy menuíco, que me dijo mi hijo que valía ¡más de cien euros el kilo!

—Jesús, Jesús, Jesús, yo me santiguo. ¿A dónde vamos a llegar? Si es que las maravillas de la ciencia...

—Y cada día les dan de comer, los limpian, les ponen de esa agua verde... Oye y poco a poco van creciendo hasta que ya son como pececillos, que por lo menos necesitan cinco o seis meses. Todavía tan pequeñicos los vacunan, que digo yo que los de las vacunas se deben hacer ricos, ¿no? Con lo que allí tienen. Y hasta tienen una máquina para contarlos.

—Jesús, Jesús, Jesús...

—Los meten en un camión, si yo te contase las historias que me cuenta mi hijo de sus viajes...y los llevan hasta las jaulas en el mar. En unos sitios... y les dan de comer y los *limpian y los cuidan, casi dos años hasta que te llegan a ti, Patro. Mira tú si tiene trabajo.*

—Señor Pedro ¿Qué le pongo?

—Ponme dos lubinas, Patro, de esas, de piscifactoría.

Agradecimientos

Como la estela que deja una dorada que nada alrededor nuestro. Como la marca espectral de un rodaballo en el fondo. Como el burbujeo invisible de una almeja enterrada. Como la imperceptible vibración que emana de un besugo melancólico. Como la temerosa mirada de una lubina que apunta a un gato sigiloso. Como el tímido lenguado que suplica por tener vida privada. Como el insignificante rotífero que es fuente de vida oceánica. Como el tenue fulgurar estelar en una noche clara.

Débiles improntas que han impregnado nuestro placer por compartir historias de una verosimilitud imposible. Palabras escritas a modo de susurro provenientes del corazón de los colaboradores y miles de gritos de apoyo que emergen de las profundidades en las que nacen los sentimientos.

Falsa verdad adornada de una verdad falsa. Engañosa narración de lo canalla y absurda que es la vida. Suplicio placentero efecto de alucinaciones reales. Ligeras dentelladas de pasión acuícola.

No podemos pagar por vuestra fidelidad, pero sí agradecer al grupo de incondicionales que desde el primer momento nos alentó para continuar y que nos dijo que les hicimos aflorar una mueca, una sonrisa, una risa y hasta una risotada descontrolada.

Y para mi editora y correctora implacable, azote de herejías del lenguaje y la estructura disonante, Juana, te quiero.

Esto no se acaba aquí. Cada poco publicamos nuevas Historias acuícolas en nuestro blog: www.cristobalaguilera.com y de vez en cuando se deja caer por nuestra casa algún que otro colaborador. Cosa que sin duda agradecemos y nos llena de un gustillo inmenso. Tienen su propia habitación y van y vienen. Os dejo con ellos por si acaso:

http://www.cristobalaguilera.com/p/amiguetes-colabororadores.html